精酿
好喝又有趣

中国精酿啤酒
微醺指南

天宸　著

U0125393

中国轻工业出版社

图书在版编目（CIP）数据

精酿好喝又有趣：中国精酿啤酒微醺指南 / 天宸著

. — 北京：中国轻工业出版社，2024.5

ISBN 978-7-5184-4620-9

Ⅰ . ①精… Ⅱ . ①天… Ⅲ . ①啤酒酿造—指南 Ⅳ .

① TS262.5-62

中国国家版本馆 CIP 数据核字（2024）第 045689 号

责任编辑：杨　迪　　　　责任终审：劳国强
设计制作：锋尚设计　　责任校对：朱　慧　朱燕春　　　责任监印：张京华

出版发行：中国轻工业出版社（北京鲁谷东街5号，邮编：100040）

印　　刷：北京博海升彩色印刷有限公司

经　　销：各地新华书店

版　　次：2024年5月第1版第2次印刷

开　　本：710×1000　1/16　印张：15.5

字　　数：400千字

书　　号：ISBN 978-7-5184-4620-9　定价：88.00元

邮购电话：010-85119873

发行电话：010-85119832　010-85119912

网　　址：http://www.chlip.com.cn

Email：club@chlip.com.cn

序 言

2016年5月，我的微博收到了一封私信，"李叔，听到你失业了，你听说过大疆吗？"那时候的我，做了三年的互联网创业项目"Pogo看演出"正接近尾声，并将其当作生活分享，在我作为爱好参与的一档音频播客《大内密谈》里聊了一句，没想到竟然因此在网上收到了来自"粉丝"的面试邀请。对无人机领域一无所知的我愣愣地回了一句"大疆是啥？"从此便开启了我和天宸八年的友谊长跑。

在深圳大疆共事一年后，我们各自进入新的职业阶段，他去了WeWork市场部，我则在离职后再次开始创业，全职运营我的第二个播客《日谈公园》，其中甘苦冷暖自知。《日谈公园》有幸在2018年成为中国第一家获得机构投资的播客，和天宸所在的WeWork也达成了先后长达三年的紧密合作，只是他在上海，我在北京，不再像过去一样朝夕相处，成了一期节目一会的莫逆之交，每次见面，自然是要大醉一场。

2020年5月，从家里打车去公司的路上，我突然接到天宸的电话，说自己也想做个播客，专门聊精酿啤酒的。我第一时间有点蒙。虽然之前知道天宸爱啤酒，但彼时的我连精酿和"大绿棒子"的区别都搞不清楚，更无法想象在中国有多少的精酿爱好者，是否可以支撑得起一档啤酒垂类的播客。但我知道天宸做事靠谱，并且真的爱啤酒。我告诉他，想做就去做，全力支持。3个月后，播客《啤酒事务局》全网上线，《日谈公园》的团队承担了节目早期的技术支持、后期剪辑和运营工作，直到天宸的团队规模扩大后进入独立运营。

而今，《啤酒事务局》已经上线三年多，播出了150多期节目，完成了对超过一百位中国精酿啤酒资深从业者的访谈，并且将社群、电商、啤酒旅行社搞得风生水起，成了不折不扣的"啤酒事务局"。这几年，我和天宸在上海、北京、大理、黄山、青岛……聚了又聚，依稀记得，一次酒酣耳热之际，天宸提到过想要写一本和中国精酿行业有关的书。正恍惚间，书已完稿，他邀我作序。诚惶诚恐之下，我写下这些文字，来纪念啤酒事务局和这本书的缘起。

我喝精酿不能算多，其实也是在和天宸的一次次酒局，以及收听《啤酒事务局》播客节目的过程中，越来越觉得精酿啤酒真有意思。这本书则是让我补足了欠下的功课，系统了解了关于啤酒的方方面面。据我所知，这也是第一本关于中国精酿的书。它比较详细地梳理、总结了国内精酿啤酒十几年的发展，并以风趣幽默的叙事方式讲述了中国精酿人的故事，读起来丝毫不会感到枯燥。不过，翻开下一页之前，你最好先确认身边有没有冰啤酒，因为你会忍不住在微醺中一口气读下去，和故事中的人一道体验那种"精诚所至，金石为开"的人生况味。

有次边喝酒边聊到我们最初的结缘，天宸回忆起当年在美国大学毕业后的自驾之旅——路过森林，路过沙漠，路过人们的城市和花园，车里播放的，一直是我的播客节目。几年后，天宸的《啤酒事务局》也成为了很多听众的生命瞬间，迎向我们的，是未来的蜿蜒长路，和喝不完的酒。

李志明，播客《日谈公园》创始人

2024.1.22

自 序

每一趟伟大旅程，都有一个微醺开始

2010年，我到美国缅因州读大一。那是我第一次出国，一切都充满了新鲜感。尤其在最初几周，各种文化冲击扑面而来，其中之一就是对酒精监管的困惑。

在此之前，我印象中的美国是个极度开放自由的国家。然而真正来到这里却发现——21岁之前禁止饮酒！

根据 WiseVoter 的统计，在世界上允许喝酒的国家中，绝大多

▲ 美国的一家瓶子店（Bottle Shop）。在精酿行业，"瓶子店"指的是以卖瓶装和罐装啤酒为主（而非从酒头现打的生鲜啤酒）的商店　供图：Christin Hume

数国家的法定饮酒年龄是18岁。除了非洲的厄立特里亚（25岁）之外，21岁已经是最高的法定饮酒年龄了。

法律不仅是这样写的，也确实是这样执行的。在美国，所有卖酒的商店、酒吧，在出售给你酒精之前，一定会查你的驾照/身份证/护照，除非你看起来明显超过21岁。国内"给爸爸买酒"的购物体验，在美国是不可能有的。四年后，当我给来参加我毕业典礼的母亲解释酒吧店员为何要查她护照时，她非常开心。

于是，我的美国同学们几乎都没有在上大学之前喝过酒。如果要合法饮酒，就要等到21岁，一般是大二或大三时。很多美国家庭至今还有一个传统——在21岁这天，父亲会带着孩子去酒吧喝顿酒，标志着孩子正式成人了！

虽然我在国内就喝过啤酒，但都是所谓的"工业啤酒"。第一次真正喝到"精酿啤酒"（craft beer），也是在21岁生日那一周。当时，我和一个同样刚满21岁的同学去了学校旁的酒吧，忐忑不安地出示护照，成功坐上吧台。面对密密麻麻的英文酒单，完全不知所措。最

▲ 路边卖啤酒的"酒店"　供图：Nikhil Mitra

◀ 在学校附近的自酿酒
馆喝 IPA

◀ 各种各样的精酿啤酒
图源：iStock.com/Anton
Dobrea

终，点了一杯（或几杯？）美式 IPA*。从此 IPA 成了我在美国酒吧的必点，因为容易发音，并且听起来显得很懂。

气氛酝酿到这里，按理说应该描述一下当时喝到第一口 IPA 时，酒花爆棚、大为震撼的感觉……但十几年前的事情，能够回忆到那个程度，未免太假了一些。真实情况是，当时并没有在意什么 craft beer，只觉得是苦苦的、当地人喜欢喝的一类酒。倘若当时就疯狂爱上了啤酒，哪里会错过缅因州的 Maine Beer Company、Allagash、Bissell Brothers、Oxbow、Mast Landing……现在想起来，简直后悔莫及！

---

* IPA，即"印度淡色艾尔"。相关啤酒风格知识将在第二章详细分享。

啤酒吧是最能了解当地人生活的地方

真正让我"入坑"精酿的，是在大学毕业后的自驾旅行。

2014年5月底，我从鲍登学院（Bowdoin College）毕业，独自带着所有家当，从美国东海岸的缅因州开车一路向西，到西海岸的俄勒冈州参加一位好朋友的毕业典礼。然而，当我到达俄勒冈州时，他的毕业典礼已经过了1个月。然后，我又从俄勒冈州一路向南，最终到达洛杉矶。在45天的旅程里，我穿越了美国22个州。

白天开车，晚上去当地酒吧放松一下。最初还是什么酒吧都会去——葡萄酒吧、鸡尾酒吧、威士忌吧，当然还有啤酒吧。后来逐渐发现，在其他类型的酒吧，酒客们或独饮，或约会，只有在啤酒吧，旁边的人总愿意和你聊天，热情地分享他们的生活。这种和当地人打成一片的感觉，让我特别沉醉其中。于是，在后来的旅程中，每到一个地方，我总忍不住要去搜一下当地的啤酒吧。

▲ 在朋友家玩儿"啤酒乒乓球"（Beer Pong）

▲ 2019年重回纽约布鲁克林酒厂（Brooklyn Brewery）　▲ 在纽约的"另一半"（Other Half）酒厂

在探店、喝酒、聊天的过程中，我逐渐意识到：精酿啤酒，不止啤酒。它把一群热情、有趣的人聚集在一起——草根，创新，或许还有些摇滚。我意外地发现，精酿啤酒所蕴藏的文化和我的价值观高度重合——多样是有趣的，单一是无聊的，甚至是危险的。历史的车轮滚滚向前，千姿百态才是世界的本源。

倒上一杯酒，开启你的精酿之旅

2020年8月，我开始做一档叫作《啤酒事务局》的播客。到这本书出版时，一共做了100多期节目。在和中国精酿前辈们的交谈中，我对精酿啤酒的了解和热爱也越来越深入，最终辞掉了在大厂的工作，专职从事精酿文化传播。

无论是录播客，还是写文字，都是一件"慢"的事情。如同好的啤酒，也要缓慢发酵，细细品味。在人心浮躁、"文化快餐"大行其道的今天，感谢你还愿意花上不少时间，认真了解精酿啤酒。

读完这本书，你将具备啤酒的基础知识，明白精酿啤酒的来龙去脉；你将知道常见啤酒风格的味道，去酒吧点酒时也会更加自信。最重要的是，你将全面了解中国一线精酿厂牌创始人和酿酒师的职业经历、性格想法、品牌理念、酒款特色、有趣故事，甚至少为人知的梗……除此之外，还有中国各地的精酿啤酒节、展会和社群等信息。

十几年前，中国精酿才刚刚起步。如今，几乎每个城市都有了自己的精酿厂牌或自酿酒吧，不少厂牌的酒已经在国际大赛中摘金夺银。《啤酒事务局》开播这几年，恰好遇上了中国精酿的快速发展阶段。既然不小心收集了很多故事，不如忠实地记录下来——21世纪之初，在中国有一群性格、经历、想法各异的人，为"精酿啤酒"这东西付出过思考，费尽了功夫。他们喝过，酿过，活过。

啤酒没有高低贵贱，而饮者有好恶之分。作为一名精酿啤酒文化传播者，更需要通过自己的视角，分享个人的、真实的体验。那些打动我的，我将不吝篇幅；若是我不信的，你一句都看不到。每个厂

▲ 图源：iStock.com/velllena

牌故事结尾的"酒款推荐"，都是我个人有缘喝到，认为能够体现厂牌特色且好喝的酒款。这些酒都是比较稳定的常规款，尽量让大家"种草"之后还能喝得到。不过，由于中国精酿还处于起飞阶段，即使是常规款，也存在更换产品线或调整配方的可能性。同时，不同酒厂的灌装水平也参差不齐。虽然我们喝的酒都叫同一个名字，但味道可能完全不同。我的品饮体验仅供参考，最终还是要相信你自己的感受！

相信自己的同时，不妨保持开放的心态，平和地参与讨论。精酿啤酒仍然是个新鲜事物，很多领域并没有公认的、唯一的定义或结论。一些词语，即便在权威典籍之中，也存在广义和狭义之分，例如"野菌"（是否包含细菌？）、"酿酒酵母"（是否包含拉格酵母？）；有时中英文翻译容易造成困惑，如"kiln"和"roaster"都可以指烘烤麦芽的"炉"，但实际上完全不同。因此，我会尽量多配图，并在特定词汇后面备注对应的英文单词，以便理解或进一步查阅资料。

关于"史实"的部分，有不少信息依赖于前辈们的回忆，而酒喝多了有个副作用——容易吹牛。在写作过程中，我收到了很多相互矛盾或不符合常识的信息。我将尽最大努力考证各种信息，还原历史真相。尽管如此，由于个人水平及信息渠道有限，本书内容难免有谬误之处，恳请大家轻拍、指正。大家可以在微信公众号"啤酒事务局"留言——或在各地精酿酒吧、啤酒节、展会上和我碰杯。

那么，现在倒上一杯酒，开启我们的精酿之旅吧。

目 录

04 CHAPTER 一起爱啤酒

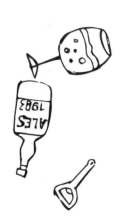

* 本书中出现繁体字的厂牌名与厂牌注册商标一致。

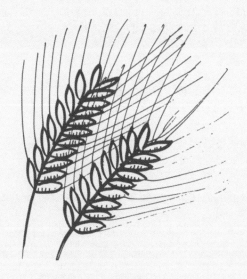

CHAPTER

01

精酿啤酒那些事

⋮

Beer 101

我们祖先也爱喝

从消费量上来说，啤酒仅次于水和茶，是世界第三大饮品，也是世界上最流行的酒精饮品。维基百科对啤酒的定义是"利用淀粉水解产生糖分后发酵而成的酒精饮料"[*]，这是一个相当宽泛的定义。现代啤酒一般会加入啤酒花（包括酒花制品），淀粉主要来自大麦芽，有时也会使用小麦（芽）、玉米、大米和燕麦等谷物。

啤酒也是世界上最古老的酒精饮品之一。考古发现，在以色列海法附近迦密山的一处洞穴中，早在13000年前，那里可能就在使用混合谷物发酵啤酒[1]。在距今5500年至5100年前的新石器时代，生活在伊朗西部札格罗斯山脉的苏美尔人就开始用大麦酿造啤酒。在当地出土的文物中，记载了一首《给女神宁卡西的圣歌》，提到了美索不达

▲ 以色列芮克菲洞穴遗址是人类已知最早的酿酒遗迹

---

* 原文是"利用淀粉水解、发酵产生糖分后制成的酒精饮料"，语序并不准确。

◀ 在陶罐尚未被发明的石器时代，
当时两河流域的纳图夫人使用
"石煮法"，将加热的石头投入
这些地面上的臼（捣缸）来酿酒
供图：Dani Nadel

米亚平原的啤酒女神"宁卡西"以及当时的啤酒酿造技术[2]。

　　中文的"啤酒"源于德语"bier"。虽然啤酒是个舶来语，但中国人酿啤酒的历史可一点儿都不短。根据浙江义乌桥头遗址最新的考古研究发现，在距今9000年前，这里的陶器就被用来存放由大米、薏米和某些植物根茎发酵而成的"啤酒"[3]。桥头遗址和大约同时期的河南贾湖遗址一道，提供了中国最早的酿酒证据，说明至少在新石器时代晚期，谷物发酵酒在长江和淮河流域都已经存在了。目前发现的中国最早使用大麦为原料的"啤酒厂"位于陕西西安米家崖遗址。约5000年前，当时的先民们在这里用黍、大麦、薏米和少量根茎作物混合发酵了"啤酒"[4]。

　　周朝时期，我们的祖先就在用发芽谷物酿"醴"。《尚书》中有记载"若作酒醴，尔惟曲蘖"。也有学者认为，"醴"这一饮品与啤酒有些许相似。

▶ 桥头遗址中发现了陶器
　供图：王佳静

▶ 桥头遗址的陶器中发现了
　用谷物和植物根茎发酵酒
　的痕迹　供图：王佳静

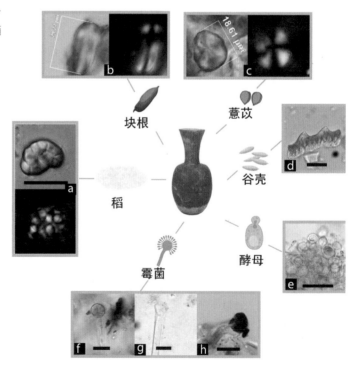

现代精酿啤酒的诞生

　　大概由于"醴"风味寡淡，其制作方法至魏晋时期便已失传*。在世界的其他区域尤其是欧洲，酿啤酒的传统却一直保留下来。由于洁净水源的匮乏，在中世纪的欧洲，啤酒几乎是每个家庭的"生活必需品"。伴随着啤酒的大量消耗，各式各样的啤酒风格也层出不穷。由啤酒品酒师资格认证项目（Beer Judge Certification Program，简称BJCP）发布的2021年版《BJCP世界啤酒分类指南》（在本书中简称《BJCP分类指南》），共收录了100多个啤酒风格，大部分都能追溯到19世纪前。

▲ 一家大型啤酒厂的灌装线　图源：iStock.com/industryview

---

*　明代宋应星《天工开物》中记载："后世厌醴味薄，遂至失传"。

自18世纪60年代第一次工业革命开始，机器化作业逐渐取代了传统的手工作业和作坊经济，啤酒行业也不例外。在此之前，所有的啤酒都算得上是手工酿造的"精酿啤酒"（craft beer）。率先引入工业科技的啤酒厂产量越来越大，成本也越来越低，并能够通过新兴的电视广告触及到全国消费者（小酒厂即使有钱做广告，也没有能力为其他地区提供产品）。廉价的工业啤酒对传统的手工啤酒造成了毁灭性的打击。小型的酿酒工坊要么被吞并，要么被迫歇业。即使在"啤酒王国"比利时，1900年尚有3000个啤酒厂（工坊），到1980年仅剩下143家。在美国，1873年还有4131家啤酒厂（工坊），到了1978年仅余89家。

大规模、工业化生产的啤酒，价格更便宜，但产品也越来越雷同。以百威、康胜（Coors）为首的美国啤酒巨头研发出了美式拉格啤酒。这类拉格啤酒由于香气温和，低度数，高碳化，清爽解渴，加上低廉的价格，十分适合畅饮。一经推出，便迅速占领了美国市场，并成为风靡各国市场工业拉格（"水啤"）的样板。

然而，再适合畅饮的酒，一直喝也会腻。随着发达国家国民收入的提高，价格越来越不是问题。另一方面，人们开始反思全球化和工业化生产的负面影响，从而支持更加个性化、本地化以及环境友好型的商品，啤酒也不例外。终于，在20世纪60年代，一场席卷全球的精酿啤酒运动开始了！

1965年，美国人弗里茨·梅塔格（Fritz Maytag）收购了成立于1896年的铁锚酒厂（Anchor Brewing）。当时，铁锚酒厂已经濒临破产。梅塔格从零开始学习，复刻了已经消失的加州蒸汽啤酒（California Common）[5]。受梅塔格启发，一位名叫杰克·麦考利夫（Jack McAuliffe）的家酿爱好者于1976年在加州创立了New Albion酒厂，成为美国自"禁酒令"以来第一家微型酒厂。麦考利夫曾作为美国海军技术人员在苏格兰的一处基地服役，其间被苏格兰眼花缭乱的啤酒风格所震撼。创立New Albion酒厂之后，他开始在美国酿造像波特、大麦酒以及IPA之类的英式啤酒[6]。1978年，家酿啤酒在美国重新合法化[*]。

同一时期，在大洋彼岸的英国人也受够了大酒厂对英国啤酒业的侵袭。1971年，旨在保护英国传统酿酒工艺及酒吧的"真艾运动"（The Campaign for Real Ale）正式发起。"啤酒猎人"迈克尔·杰克逊（Michael Jackson）在1977年出版的《世界啤酒指南》（*The World Guide To Beer*）开创性地整理了当时的啤酒风格，进一步启发了英国乃至世界精酿啤酒运动。

星星之火在世界各地陆续点亮。1981年，二战后荷兰的第一家酿酒厂成立了；1988年，意大利第一家自酿酒吧成立……尽管在德国和比利时，由于工坊酿酒传统一直延续了下来，并没有"精酿啤酒"的说法，但毋庸置疑，自20世纪90年代以来，欧洲各国的小型酿酒厂数量也开始稳步上升[7]。

▲ 经过127年的运营，铁锚酒厂已于2023年7月30日歇业　图源：Anchor Brewing

---

* 家酿啤酒在1920年禁酒令之后即被禁止。1978年在联邦层面重新合法化之后，家酿啤酒在美国各州陆续合法。2013年，密西西比州和亚拉巴马州宣布家酿啤酒合法。至此，家酿啤酒在美国50个州全部合法。

当精酿的风吹到中国

▲ 万多吉引进的比利时啤酒

◀ 一瓶2008年的酒，瓶标印有"美国手工精酿啤酒"字样

▲ 2001年第一次使用"精酿啤酒"的论文有关段落

1994年，比利时人万多吉在北京成立万多吉公司，当时的主力产品是进口甜食。1995年，万多吉公司股权改制，股东们决定进口比利时啤酒。智美、督威、福佳、林德曼、粉象……这些如今在国内耳熟能详的品牌，都在短短两三年间通过万多吉进入了中国。

2004年，美国酿酒商协会（Brewers Association，简称BA）成立了"出口发展项目"（Export Development Program）。通过这个项目，美国精酿啤酒开始加速出口到海外市场，包括中国。最初，"craft beer"被翻译成"手工啤酒"。目前，中国大陆地区有明确证据显示最早包含"精酿"翻译的美国啤酒出现在2008年。后来成立"杰克的酒窝"的杰克（周涛）记得在2005年就看到过这个词。

不过，我认为"精酿啤酒"这个翻译大概是从台湾开始。一篇发表于2001年1月的硕士论文已经使用了"精酿啤酒"这个词，是目前已知最早使用这个说法的文献。这说明，在中国台湾，至少在2000年就有了"精酿啤酒"的说法，源头可能是一家叫做"东顺兴"的贸易公司。

2007年11月19日，杰克花了三万块

▲ "杰克的酒窝"

▲ 年轻时的杰克

▲ 早期的"品鉴中心"

钱，在上海肇周路开了一个连招牌都没有的"品鉴中心"。12平方米，两排货架，40多种比利时和美国精酿啤酒，这便是"杰克的酒窝"的前身。杰克的酒窝被很多人（尤其上海酒友）认为是中国第一家专业的精酿酒吧。

然而，在"精酿"都还没有公认定义的今天，争论谁是中国第一家精酿酒吧并没有太大意义。早在1997年（又说1996年），一位叫Katrien Costenoble 的比利时人就在北京南三里屯的酒吧街开了一家比利时酒吧。因院子里有棵参天大树，酒吧得名 Hidden Tree（藏

▲ 藏树酒吧

▲ 藏树酒吧不止藏了树，还藏了比利时啤酒

树）。Costenoble 是万多吉创始人的朋友。也是通过万多吉，藏树引进了琳琅满目的比利时啤酒。

1999年，一个人称"小辫儿"的骑行爱好者，在北京开了南锣鼓巷的第一家酒吧——过客酒吧（见本书第三部分）。从30平方米的小平房，到300平方米的四合院，"过客"从2004年开始也逐渐变成了一家专业做精酿的啤酒吧。因为小辫儿逐渐入了啤酒的坑，并最终成为推动中国精酿啤酒革命的"啤酒疯子"。

此时，同样正在推动中国精酿啤酒革命的，还有一个叫高岩的人。2008年8月，高岩在南京成立了中国第一家精酿酒厂——欧菲啤酒厂。初期似乎并没有激起多少涟漪，直到2010年，高岩开始在天涯论坛发帖连载家酿啤酒的系列文章《喝自己酿的啤酒——手把手大师教你酿啤酒》。为了提高点击率，他自封"高大师"，因为他是硕士学历，而硕士的英文"master"恰好也是大师的意思。次年5月，根据论坛帖子整理的《喝自己酿的啤酒》出版。这是启发了无数人（包括我）入坑家酿啤酒的一本书。从此，高岩便以"高大师"为人熟知，并被誉为"中国精酿教父"。

2008年是真正的中国精酿元年。当年4月，由几个老外创立的"拳击猫"在上海注册。拳击猫是有据可查的中国第一家提供自酿啤酒的精酿酒吧[*]。同年8月，上海莱宝啤酒厂成立。自此，更多影响中国精酿发展的传奇人物开始陆续登场。

▲ 高岩携新书参加2011年全国图书展

---

[*] 20世纪90年代有一些德国自酿啤酒餐厅在中国开店，但非中国品牌；山东有一些手工啤酒工坊，但并未被全国业内广泛认知，并且似乎也并未受到现代精酿啤酒运动的启发和影响。

"精酿"到底是什么？

行文至此，我们多次提到"精酿"。你是否曾想过，到底什么才算是"精酿"？

实际上，"精酿啤酒"（craft beer）从未有过公认的定义。

根据《剑桥词典》（网页版），"精酿啤酒是在小型、独立酿酒厂使用传统工艺酿造的啤酒"。《韦氏词典》（网页版）说，"精酿啤酒是小批量生产的特种啤酒"。最"严谨"的还是维基百科的定义："精酿啤酒是精酿啤酒厂生产的啤酒"……

那么，到底什么才算是一家精酿酒厂呢？被引用最多的是美国酿酒商协会（BA）的定义，根据 BA 最新的定义，一家美国精酿酒厂必须满足以下两个条件[8]：

❶ 小型：年产量不超过600万桶（相当于70.4万吨）。

❷ 独立：酒厂的股份不被大型工业啤酒厂控制（大型酒厂控股低于25%）。

（BA 曾经还有对使用"传统原料"的要求，但已经在2018年废除。）

很显然，BA 的定义是对精酿酒厂（而非精酿啤酒）的定义，且仅适用于美国。美国最大的精酿酒厂云岭（D.G. Yuengling and Son Inc）每年生产30多万吨啤酒，这一数字可能接近或超过了目前中国公认精酿酒厂产能的总和[9]。

2019年，中国酒业协会颁布了《工坊啤酒及其生产规范》团体标准。其中将"craft beer"翻译为"工坊啤酒"，并为其下了定义：由小型啤酒生产线生产，且在酿造过程中，不添加与调整啤酒风味无关的物质，风味特点突出的啤酒。

多"小"算小？什么物质与风味"无关"？风味多"突出"算突出？定义中没有明说，但有一点是明确的，根据这个标准，大厂的"小型生产线"，也能生产"工坊啤酒"。

"精酿"是不是个好翻译

除了"精酿啤酒","craft beer"还被翻译成工坊啤酒、手工啤酒、工艺啤酒、精工啤酒、微酿啤酒……据说,是高岩、小辫儿以及银海("牛啤堂"另一位创始人)在第一届"大师杯"家酿比赛前统一了意见,开始共同推广"精酿啤酒"的叫法,从此才成了流传最广的翻译。

"精酿"给人精心、精致、精确等联想,文化延展性强,但留下的解读空间也比较大——谁说大型酒厂不能"精心酿造"呢?这是"精酿"的优势,也是常被批评的原因。

水猴子啤酒创始人李宗文认为"手工啤酒"是更准确的叫法。在他的概念里,craft beer 的核心就是酿酒师亲手酿造的过程,"你真的是要把一袋袋的麦芽扛过去……必须得有手工酿造的部分,人手是不可替代的。如果整个过程只要坐在那里按几个按钮,那就谈不上craft beer。"

"精酿"也好,"手工"也罢,如果回归到产品本身,我们最终爱的是好啤酒。虽然为了表达的便利性,我在这本书里经常使用"精

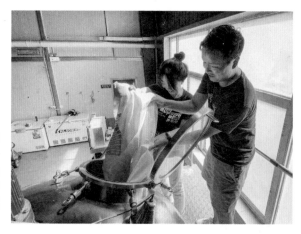

▶ 2021年,啤酒事务局和赤耳合酿了一款酒,我和搭档琦姐真的是要把麦芽一袋一袋扛上去投入糖化锅

酿"这个词，仿佛只有"精酿啤酒"才是好啤酒——但事实绝非如此。大型工业啤酒厂使用的酿造工艺及品质管理水平，往往高于一般的小型精酿酒厂。我们常喝到难喝的"水啤"，仅仅是因为大型酒厂为了降低成本而选择了相对低端的原料和生产、运输方式。

有好喝的工业啤酒，也有难喝的精酿啤酒。很多精酿行业从业者平时喝得最多的也是优质、好喝的工业啤酒。工业拉格也是啤酒家族的一部分。啤酒鄙视链，大可不必。

人人都能酿啤酒

如果你喝过我自己酿的第一批"精酿啤酒"，就会明白为什么"也有难喝的精酿啤酒"。然而，自酿啤酒实在乐趣多多。通过几个批次的尝试，你大概率会酿出远超劣质工业"水啤"的啤酒，甚至——自我感觉——与精酿酒吧酒头上的酒不相上下。亲手酿出啤酒，并将其分享给身边朋友，这种成就感无与伦比。

◀ 自己酿的啤酒带给你
无比的成就感

自酿啤酒有两种不同的设备解决方案：简易设备和一体机。简易设备俗称"土炮"，基本上就是常见的锅碗瓢盆，对动手能力要求高，全套成本1000元以下。一体机更加便捷，全套成本在2000～4000元。以我使用一体机酿IPA为例，酿造啤酒主要包括如下步骤：

❶ 磨碎麦芽

用对辊将麦芽磨碎。最好是让里面的麦粒破碎，但表皮保留较完整。

❷ 糖化

将磨碎的麦芽与68℃左右的热水在保温设备中均匀混合，并保持恒温1个小时。

❸ 洗糟

用70℃～73℃左右的热水从上向下，缓慢均匀地倒进内筒麦床上，将使用过的麦芽和麦汁分离。

❹ 熬煮

将麦汁煮沸，持续1个小时，同时在不同时段加入适量酒花。

❺ 冷却

用冷却盘管将煮沸的麦汁迅速冷却到25℃以下。

❻ 发酵

将冷却后的麦汁转到发酵桶，加入适量酵母即可开始发酵。

❼ 干投

发酵3天及7天时分别投入适量酒花。

❽ 装瓶

发酵两周后加糖装瓶，再等一周后即可享用！

以上只是我个人酿IPA时最常采用的步骤。不同设备、不同啤酒的酿造过程会有所区别。如果你打算开始尝试自酿啤酒，推荐阅读高岩的《喝自己酿的啤酒》，或收听播客《啤酒事务局》第6期《家酿啤酒：从入门到放弃》。

▲ 将磨碎的麦芽倒入一体机　　▲ 麦汁正在一体机中糖化

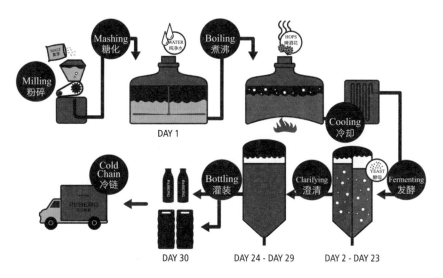

Milling 粉碎　Mashing 糖化　WATER 纯净水　Boiling 煮沸　HOPS 啤酒花　Cooling 冷却　DAY 1

Cold Chain 冷链　Bottling 灌装　Clarifying 澄清　YEAST 酵母　Fermenting 发酵

DAY 30　DAY 24 - DAY 29　DAY 2 - DAY 23

▲ 精酿酒厂常规生产流程示意图　供图：莱宝精酿

◀ 在家喝自己酿的啤酒

啤酒风味哪里来

从啤酒爱好者的角度，我们更关心的是"喝"的感受。啤酒的风味不是凭空产生的——要么和生产原料有关，要么和生产工艺、存储条件有关。如果要描述·款啤酒的风味，不妨去分别感知麦芽、酒花、酵母和水（以及增味原料）*，然后体会是否有任何常见的不良风味。

麦芽

麦芽（malt）是将谷物浸泡在水中，促使其发芽，然后经过烘干、烘烤等工序所生产的谷物制品。啤酒酿造一般使用大麦芽，有时也会用其他谷物及其制品。添加不同的谷物，会带来不同的效果，比如，小麦芽和燕麦会使啤酒的口感更顺滑、饱满，黑麦则会带来轻微的辛辣感。在糖化过程中，由于淀粉酶的作用，麦芽中的淀粉被分解为可发酵糖和不可发酵糖，可发酵糖继而被酵母代谢，产生酒精、二氧化碳和风味物质。

根据其在啤酒酿造中的作用，麦芽可以分为基础麦芽和特种麦芽。基础麦芽有一定的酶活性、糖类和蛋白质，为后续的健康发酵提供了保障；特种麦芽不具备酶活性，难以为发酵提供保障，但是能为啤酒贡献颜色及不同风味。因此，对于大部分啤酒而言，基础麦芽的用量大于特种麦芽。

---

* 发酵糖的类型对部分啤酒的风味也有影响。

根据不同的处理工艺，麦芽大体可以分为以下几类：

麦芽	工艺	举例	常见风味
烘干类麦芽（kilned malts）	通过焙干炉（kiln）干燥，并以较低温度烘烤。在本书的定义中等同于基础麦芽	皮尔森麦芽，淡色艾尔麦芽，维也纳麦芽，慕尼黑麦芽，烟熏麦芽	甜味，谷物，饼干，烤吐司，面包，坚果，烟熏味（烟熏麦芽）
烘烤类麦芽（roasted malts）	烘干类麦芽在焙干炉处理完成后，放入焙炒炉，用较高温度继续烘烤，使其中的酶失去活性。这是一类特种麦芽	饼干麦芽，巧克力麦芽，黑麦芽	饼干，巧克力，咖啡，焦香面包
焦糖类麦芽（caramel-type malts）	湿麦芽（"绿麦芽"）不经干燥，直接放入焙干炉（kiln）或焙炒炉（roaster）加热，使得淀粉在谷壳中糖化，继续升温使其焦糖化。这是一类特种麦芽	焦糖麦芽（使用焙干炉或焙炒炉均可），结晶麦芽（必须使用焙炒炉）	焦糖，太妃糖

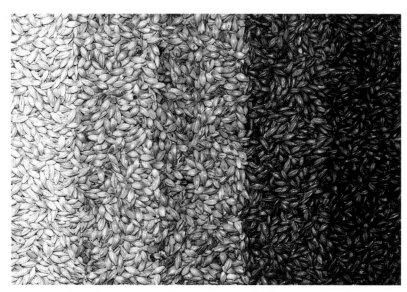

▲ 不同的烘烤程度给予麦芽不同的颜色，进而决定了啤酒颜色
图源：borzywoj/stock. adobe.com

◀ 一个现代的焙干炉
（kiln）正在干燥麦芽
图源：iStock.com/Brian
Brown

▲ 麦芽焙炒炉（roaster） 图源：Skagit Valley Malting

除了发芽谷物，一些未发芽的谷物有时也用于酿造，包括大麦、玉米、大米、小麦、黑麦、燕麦和高粱等。

2022年的一项研究显示，麦芽可以明确追踪到46个感官特征，包括26个风味特征、15个外观特征和5个味道/口感特征。

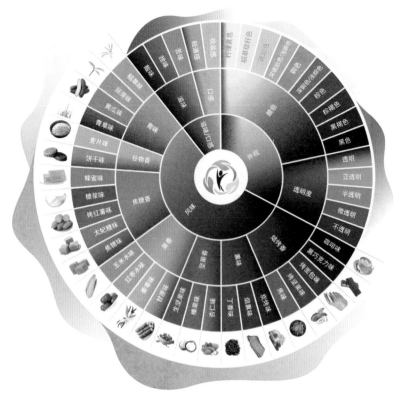

▲ 麦芽的46种感官特征[10] 供图：中粮营养健康研究院感知与风味研究实验室

啤酒花

啤酒花，简称酒花（Hops）是大麻科葎草属攀援草本植物蛇麻（Humulus lupulus）的花序。其雌性锥形花可用于酿造啤酒，因此蛇麻植物有时也被叫做啤酒花。虽然啤酒酿造已经有上万年的历史，但直到公元9世纪，酿酒师才开始使用啤酒花[11]。啤酒花在接下来的几百年里逐渐普及，成为啤酒酿造的基础原料。

最初，酿酒师们添加啤酒花主要目的，是利用其抗菌特性延长啤酒的保存时间。用来酿酒的雌株啤酒花含有蛇麻素腺体，其中的树脂（含有 α 酸和 β 酸）提供了苦味，与麦芽的香甜感互补，让啤酒更易饮；精油则提供了风味物质，为啤酒提供丰富的香气和味道。

▲ 啤酒花　供图：iStock.com/aaron 007

啤酒的种类千变万化，酒花也一样；美国家酿学院（Homebrew Academy）已经收录了超过150种酿造酒花。按其作用，啤酒花分为香型（主要贡献香气）、苦型（主要贡献苦度）和苦香兼具型（香气苦度兼具）。

作为一种农作物，啤酒花的风味反映了当地的风土（自然条件）和人情（文化审美）。和葡萄酒类似，酒花也有"旧世界"和"新世界"的说法，前者包括欧洲大陆（主要是德国和捷克）和英国，后者主要包括美国、澳大利亚和新西兰。

欧洲大陆酒花用于酿酒的历史最为悠久。风味比较淡雅，通常有草本、花香、药草类的香气，最有名的就是"贵族酒花"，像是萨兹（Saaz）、哈拉道（Hallertau）、蒂特朗（Tettnang）、斯帕尔特（Spalt）。英式酒花通常也有花香，还有类似于木质、泥土的"大地"风味，常见的种类有弗哥（Fuggle）、肯特戈尔丁（Kent Golding）、塔吉特（Target）等。

作为现代精酿运动的发源地，美国的文化十分多元，美式酒花也是如此。如今的美式酒花具有柑橘、热带水果、松针等突出风味，因

专栏：啤酒中的苦味

啤酒花中的 α 酸在水中的溶解度很低。经过熬煮，α 酸经过异构化反应得到异构化 α 酸，就可以在水中溶解。异构化 α 酸贡献了啤酒中80%的苦味[12]。因此，异构化 α 酸的多少大体上决定了啤酒的苦度。衡量异构化 α 酸浓度的单位叫做国际苦度值（International Bittering Units，简称 IBU）。酒花的熬煮时间越长，异构化 α 酸浓度越高，IBU 也就越高；在其他条件不变的情况下，喝起来也会更苦。啤酒的 IBU 通常在 5~110之间，高于80的已经算非常苦了。

IBU 是通过测量样品在波长为275nm的紫外光下的吸光度得到的。常用方法是高效液相色谱法（HPLC）。由于 HPLC 对测量设备要求较高，大多数精酿酒厂是通过精度较低的紫外分光光度法（UV Spectrophotometry）测量，或通过公式估算得到 IBU。

即便准确测得 IBU，也不能体现实际的感知苦度（perceived bitterness）。除了异构化 α 酸，啤酒中的其他物质也能带来苦味。例如在酒花干投时，并没有新增异构化 α 酸，但会增加 α 酸、氧化 α 酸、氧化 β 酸以及酚类物质，这些物质都会带来苦味，但狭义的 IBU 并不反映这些物质的含量*。啤酒中的残糖含量也是影响感知苦度的重要因素。有些啤酒虽然 IBU 很高，但由于残糖也很高，喝起来并不会感觉太苦。因此，有越来越多的精酿厂牌、酒吧，包括本书，都选择不再标注 IBU。

此孕育了许多酒花导向的 IPA 啤酒。美国酒花品种丰富，除了经典的 "4C 酒花" ——卡斯卡特（Cascade）、哥伦布（Columbus）、世纪（Centennial）、奇努克（Chinook），还有新品种像西楚（Citra）、西姆科（Simcoe）、马赛克（Mosaic）、亚麻黄（Amarillo）、爱达

---

* 现行 IBU 的标准是1967年制定的。近年来，随着对影响啤酒苦度物质研究的增多，一个广义的 IBU 被提出，包括了能带来感知苦味的非异构 α 酸物质。参考链 接：A Summary of Factors Affecting IBUs: https://alchemyoverlord.wordpress.com/2017/01/03/a-summary-of-factors-affecting-ibus/。

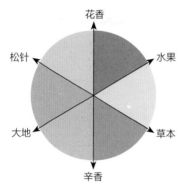

▲ 啤酒花的风味方向图（极简版）

荷7号（Idaho 7）和地层（Strata）等，提供了更多个性鲜明的风味。

澳洲酒花与一些美式酒花接近，水果风味也比较突出。最有名的银河（Galaxy），具有百香果和桃子的风味。还有像黄玉（Topaz）、英格玛（Enigma）、维多利亚的秘密（Vic Secret），都是澳洲酒花的代表。新西兰的酒花经常带来有趣的跨界体验——尼尔森苏维（Nelson Sauvin）体现了当地长相思葡萄酒的风味；莫图依卡（Motueka）有非常独特的青柠味道，让人联想到莫吉托。

酵母

酵母（Yeast）泛指能发酵糖类的各种单细胞真菌，属于真核生物域真菌界。啤酒中的酒精就是酵母的代谢产物。

目前已知的酵母已经有1500多种[13]。啤酒酵母主要分为艾尔酵母（ale yeast）与拉格酵母（lager yeast）两大类。

发酵液是麦汁转化成啤酒过程中的液体。虽然发酵液整体都存在酵母，但拉格酵母发酵期间大部分聚集于发酵液下层，因此又称为下层发酵酵母。拉格酵母通常在较低温度（8～13℃）下工作，发酵时间长，发酵出的啤酒酒体清澈，味道干净。使用拉格酵母酿的啤酒叫做拉格啤酒。

艾尔酵母发酵期间大部分聚集于发酵液上层，因此又称上层发酵酵母。这类酵母更喜欢在较高温度（一般在13～24℃下工作，部分艾尔酵母（如Kveik）可以在高达43℃的温度下工作。艾尔酵母的发酵速度更快，产生果味、香料等丰富多变的风味。使用艾尔酵母酿的啤酒叫做艾尔啤酒。

除了艾尔和拉格酵母，还有一种相对小众，但发酵风味独特的布

专栏：野菌啤酒都是酸的吗？

回忆一下，我们喝过的野菌啤酒好像都是酸的——但，野菌啤酒一定是酸的吗？

野菌啤酒是野生酵母（wild yeast）参与发酵而成的啤酒。野生酵母是根据其来源定义的，即来自酒厂内部或周围的自然环境中。布雷特酵母是最常见的野生酵母，但野菌啤酒中的酸味并不是由这些野生酵母（真菌）带来的，而是像乳酸菌和片球菌（产生乳酸）以及醋杆菌（产生醋酸）这些细菌带来的。* 因此，野生酵母产生的"野"味和这些细菌产生的酸味没有必然关联。

野菌啤酒的发源地是在比利时布鲁塞尔地区塞讷河谷（Senne Valley）。由于历史上在酿造野菌啤酒（如兰比克、法兰德斯红色艾尔）的时候，塞讷河畔自然环境中的菌群中恰好包含了以布雷特酵母为主的野菌，以及产酸的细菌，导致当时酿造的野菌啤酒确实都是酸的。这原本是一个美妙的巧合，但久而久之也塑造了以布雷特酵母的"野"味与细菌代谢的乳酸、醋酸相辅相成的固定审美，以至于当野菌啤酒走出比利时，在美国等国家开始被复刻、发展的时候，酿酒师们仍然会有意（出于审美偏好）或无意（由于技术受限）地酿造酸的野菌啤酒。

现在，由于技术的进步，我们能够分析来自传统上知名野菌酒厂的菌群，并提取其中特定的微生物，例如布雷特及其他类型的野生酵母。一些酒厂（如野鹅）开始尝试只添加野菌酵母、不添加产酸细菌，发酵出的风味通常以水果（如菠萝，杏）和花香为主。香格里拉精酿通过完全的自然发酵，酿造出野味十足、但并不酸的野菌啤酒，用实际案例再次证明：野菌啤酒不一定是酸的。

---

* 布雷特酵母仅在大量氧气存在时产生一些醋酸，但这并不是酸野菌啤酒中酸味的主要来源。

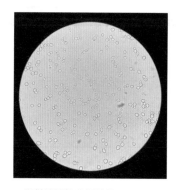

▲ 显微镜下的啤酒酵母
　供图：酵富实验室

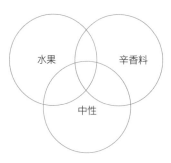

▲ 啤酒酵母的风味方向

雷特酵母（Brettanomyces），又称酒香酵母。这类酵母可以在水果和植物的表皮上找到，也会存在于空气中。经过较长时间（通常一年以上）的发酵之后，布雷特酵母会产生类似谷仓、马厩、湿抹布的"野"味（funky）。很多精酿爱好者喜欢喝的野菌啤酒（wild beer）的发酵过程中几乎都有布雷特酵母参与。

野菌啤酒不一定是酸的，酸啤酒也不一定有野菌参与发酵。我们现在常喝到的酸啤酒如古斯啤酒、柏林酸小麦啤酒，基本都采用了人工投入乳酸菌、快速酸化麦汁的方法。常见的工艺叫做锅内酸化（kettle souring），是在糖化结束、收集完麦汁之后添加乳酸菌。还有一种新型工艺叫糖化酸化（sour mashing），在糖化过程中就添加乳酸菌。

水

啤酒九成以上的原料是水，但水对风味的影响常常被忽略。不同麦芽固然有不同的风味，但麦芽是通过与水加热糖化、制成麦汁后使用的。酿造用水的特性在很大程度上影响了麦汁的香气、味道和口感。水中的离子是影响啤酒感知苦度的重要因素，其中的微量元素（如氯）也是导致啤酒异味的常见因素。

酿造用水需要洁净，无异味。对大多数啤酒风格来说，水中还要含有微量（而不过量）的各类离子。水通常来源于地表水（湖、河、溪水）或地下水。地表水中的矿物质含量通常比较合适，但其他生物质如藻类植物比较多，因此需要过滤、杀菌后再使用。地下水中的生物质含量少，但矿物质含量过高，因此需要调节矿物质后使用。我们都听过有些啤酒厂商宣称自己的产品是"山泉水酿造"——如果确实是山泉水，即干净、矿物质含量较低的地表水，那还真是比较理想的酿造用水。

一方水土养一方人，每个地方的水都是不一样的。过去，酿酒师们调节水的方法有限，酿出来的啤酒自然带有当地水质的个性，久而久之也便形成了这个地方的风格。

例如，位于捷克波希米亚地区西部的皮尔森市（Pilsen）的水源矿物质含量低，即非常"软"，特别适合酿造像捷克淡色拉格这样的啤酒。风靡全球的皮尔森啤酒就是在这里诞生并以其城市名命名的；而在英国的特伦特河畔伯顿（Burton-upon-Trent），其水源中的硫酸钙含量极高，特别适合酿造口感干爽清脆、酒花风味十足的IPA啤酒。爱尔兰都柏林的水源属于高碱性，尤其适合酿造口感圆滑的深色啤酒（如爱尔兰世涛）。德国慕尼黑的水同样是高碱性水质，酿酒师为了降低水的酸碱度，经常会多加深色麦芽，酿造慕尼黑深色啤酒、德式黑啤等深色啤酒。

酿造水中的成分特点对啤酒风味的影响[*]

水中物质	对啤酒风味的影响
硫酸盐	放大啤酒花的作用，提供干脆的苦味，并让收口更加干爽
氯离子	放大麦芽的作用，增加啤酒的甜度，带来饱满的口感——恰好和硫酸盐的作用相反！因此酿酒师们经常会通过调整"硫氯比"来改变啤酒"干爽或饱满"的侧重
钠离子	和氯离子一道，低浓度下可以突出啤酒甜度，带来饱满的口感。但是过多的钠离子和氯离子同时出现会让啤酒喝起来带有咸味
镁离子	麦芽中已经提供了酵母所需的镁，所以酿造用水中无须再包含镁离子。如果水中镁的浓度过高，将会带来酸苦的味道
钙离子	虽然钙离子本身对啤酒最终的风味没有影响，但却是酵母的"生活必需品"。如果水中的钙离子含量过低，酵母可能会代谢出不良风味。钙离子和镁离子含量的浓度体现了水的"硬度"
酸碱度	水的酸碱性强弱（pH）。pH过低可能会有尖锐、干苦感；过高则可能有肥皂般的滑口感和金属的感觉[14]。深度烘烤的麦芽本身酸度较高，可以降低水的pH

常见异味

我们已经了解了啤酒四大原料对啤酒风味的影响，但这并不意味着堆积"对的"原料一定能得出对应的风味——啤酒发酵需要经历复杂的化学反应。一个好的酿酒师能够充分发挥出原料的优势，反之——设备污染、原料比例、酵母健康程度、运输存储条件等，如果控制不好，都可能导致令人不愉悦的味道。

---

[*] 根据Horzempa, J. (2021, November 26). *Brewing water*. MoreBeer! https://www.morebeer.com/articles/Brewing_Water整理。

啤酒中常见异味及其常见来源*

常见异味	常见物质	常见原因
青苹果，青草	乙醛	酵母健康状况不佳或发酵温度过高
刺鼻酒精，卸甲水，灼烧感	酒精，杂醇	发酵温度过高
涩口感	单宁（多酚）	糖化用水碱性过高；啤酒花用量过高；过度洗糟
黄油	双乙酰	酵母健康状况不佳；发酵温度过高；后储时间不够
湿纸板，雪莉酒，齁口感	反式-2-壬烯醛	氧化（酿造或存储时）
熟玉米，熟蔬菜（芹菜、萝卜、圆白菜）	DMS（二甲基硫醚）	麦汁煮沸过程中未完全挥发；皮尔森麦芽自带
消毒水	氯酚	水中氯含量过高
臭鼬味（日光臭），狐臭	硫醇	日光照射
酸味（不愉悦的），醋，辛辣，灼口感	/	野菌/细菌感染；酸性水果、酸化麦芽或乳酸菌投放
臭鸡蛋，燃烧后的火柴	硫化氢	酵母自溶；野菌/细菌感染
香蕉，梨，指甲油	乙酸异戊酯	发酵温度高；酵母特性
霉腐味，地窖	TCA	酿造设备或原料发霉；霉菌感染
金属，铁锈，铜	/	酿造设备生锈；水中金属离子浓度高
腐烂奶酪，山羊，臭袜子	异戊酸	酒花老化

　　有些异味的出现是绝对不能容忍的，而另外一些则是相对的——在某些酒中少量出现是可以被接受的。对不同异味的敏感程度（感知阈值）也因人而异。

---

* 　根据 BJCP、Kegerator 及 Morebeer 网站资料整理。

啤酒6款入门"杯具"

品脱杯（Pint Glasses）

美式品脱杯

图源：cottonbro studio

英式品脱杯

图源：stux

品脱杯分为美式品脱杯和英式品脱杯。标准的美式品脱杯容量为16盎司（473毫升），锥形、直边。由于其生产工艺简单、价格便宜、易于叠放储存，甚至可以用来调鸡尾酒，成为大多数餐厅和酒吧的首选。英式品脱杯接近杯口处有一圈凸起，方便站着拿在手里喝，也防止叠摞存放时卡住。

适合酒款： 拉格啤酒、淡色艾尔（如果酒量好，也可以用来大口喝IPA、波特和世涛）

马克杯（Beer Mugs）

图源：lucas Oliveira

马克杯自带手柄，采用厚玻璃设计，非常坚固，隔热（保冷）效果极佳。如果你爱喝冰的"水啤"，强烈推荐马克杯——用之前记得先放冰箱冰一下。

适合酒款： 拉格啤酒

小麦杯（Weizen Glasses）

图源：hiddenhallow/stock.adobe.com

小麦杯又高又细，专为小麦啤酒设计。杯身中部较窄的部分方便手握，较宽的底部和顶部提供了更大容积。宽口有助于展示小麦啤酒绵密浓稠的酒头（泡沫）。

适合酒款： 德式小麦

郁金香杯（Tulip Glasses）

图源：iStock.com/zmurciuk_k

球形的瓶身，顶部逐渐变细再扩口，以更好聚集及散发麦芽和酒花香气。

适合酒款： 各类高度啤酒、赛松、世涛

IPA 杯（IPA Glasses）

图源：Ags Assaneo

较长的杯体，杯身中部空间大，顶部略微收窄，适合收敛 IPA 的酒花香气。底部环状凹凸为二氧化碳提供了更多成核空间，使其缓慢向上释放，进一步加强香气感受。

适合酒款： IPA

特酷杯（Teku Glass）

图源：Atomazul/stock.adobe.com

一款非常年轻的杯型。自2010年诞生以来，很快赢得了精酿爱好者们的厚爱。杯底有一定弧度，直线杯身收窄到杯颈，以收拢香气。杯口轻微外翻，方便酒体流出，并容纳泡沫。看起来既优雅，又硬朗。棱角分明，刚柔并济。

适合酒款： IPA、酸啤酒、高度啤酒

好马配好鞍，好啤酒也需要好"杯具"，才能给你充分的体验。在比利时，啤酒必须要倒进杯子喝——"对瓶吹"被视为对啤酒的侮辱。如果酒吧没有某一款酒的对应杯型，甚至对应品牌的杯子，那么侍酒师将很为难，今天你也无法尝到这款酒了。

和啤酒一样，啤酒杯也有成百上千种。不同啤酒适合的酒杯类型可能有所不同，但所有啤酒都需要干净、透明的玻璃杯，这样才能避免异味，并充分观察啤酒的外观。一次性塑料杯因为透光性差（且不环保），应当尽量避免。

有意识地为不同啤酒选择合适的酒杯是好习惯，但也千万别被眼花缭乱的酒杯吓到。从品饮体验的角度来说，杯型的变化维度无非需要考虑以下几点：

❶ 收口：是否需要香气聚拢（收口小）。

❷ 是否需要二氧化碳缓慢向上释放（气泡是否容易附着）。

❸ 尺寸：低度数酒的杯子通常要大（一直倒酒多麻烦啊）。

❹ 是否传统上有固定搭配：由于历史原因，有些啤酒风格有被广泛接受的固定搭配杯型。使用固定杯型不一定更好喝，但拍照一定更好看，并让人觉得你很懂！

▲ 各种各样的啤酒杯　图源：chones/stock.adobe.com

认真对待一杯啤酒的5个步骤

　　一杯好酒，取决于配方创意、优质原料、酿造工艺、冷链运输……好不容易来到你手上，那还不得认真喝一喝？

　　喝酒是为了快乐——并不是每个人都要成为啤酒裁判或侍酒师，但了解一些喝的姿势，会让你的快乐加倍！

　　以下是一杯啤酒的正确打开方式：

❶ 倒： 取一个干净的啤酒杯，倾斜45度，缓慢倒入啤酒。在酒液达到杯身的1/2时，竖起杯身，向中间倒酒。建议留出杯身约1/4的空间，防止泡沫溢出，并给香气聚拢留出一些空间。

❷ 看： 观察啤酒的外观。

　　颜　色： 从麦秆到金黄，从琥珀到深黑，不同风格啤酒的颜色不同，主要取决于麦芽。

　　透明度： 有些酒是透明的，有些是浑浊或完全不透明的。浑浊度高的酒通常酒体更厚，口感更饱满。

　　泡　沫： 酒液上方泡沫的厚度和质感体现了啤酒的碳化程度（即二氧化碳含量）。更强的碳化带来更强的"杀口感"。轻轻摇晃，有助于下一步闻香。

❸ 闻： 倾斜酒杯，凑近闻一闻。充分感知，快速排查四大原料及增味原料的香气，还有常见异味。步骤如下：

A. 短嗅两三下，唤醒嗅觉。

B. 长嗅，远闻，感知不一样的香气。

C. 如果啤酒过于冰，可以用手捂一捂，温度升高会加快香气物质释放。

▲ 倾斜45度，缓慢倒酒
图源：iStock.com/WinzenT

❹ **喝：** 终于！现在可以尝一口了。让啤酒在口腔中流淌，然后缓慢咽下去，从鼻腔呼气。充分感知风味，不仅靠味觉，还得靠鼻后嗅觉来感知香气。再次排查四大原料及增味原料的风味，还有常见异味。感受酒体给口腔和喉咙带来的触感，包括杀口感、饱满感、涩口感等。然后，缓几十秒，快速、大口再喝一次，留下对一款酒整体的风味印象。

❺ **聊：** 这款酒给你的感受怎么样？有什么喜欢、不喜欢的点？你感知到哪些风味，可能是哪些原料带来的？无论是去酒吧，和老板、坐在身边的人聊一聊，还是与家人、朋友分享你的感受，只有通过总结、交流，才能不断进步，并在分享中收获更多快乐。

啤酒的感官特征（极简版）

嗅觉	味觉	触觉
麦芽	酸	酒体厚度
酒花	甜	杀口感
酵母	苦	酒精温热感
异味	咸	顺滑度
增味	鲜	涩口感

🍺 **专栏：嗅觉让啤酒更好喝**

我们的嘴是和鼻子相连的。我们经常误以为喝到了一些"味道"，其实是香气。根据气体流经途径的不同，嗅觉分为鼻前嗅觉（通过鼻孔）和鼻后嗅觉（通过嘴）。2019年，英国雷丁大学（University of Reading）对啤酒中常见的26种气味进行了研究，发现人在喝啤酒时更容易通过鼻后嗅觉感知啤酒的风味[15]。但这并不意味着鼻前嗅觉不重要。在喝一款酒之前，通过看（外观）和闻（鼻前嗅觉），你的大脑会开始调节你对这款酒的期待，从而改变或放大你实际"喝"这杯酒的感受[16]。

啤酒的适饮温度

适合不同风格啤酒的饮用温度也是不一样的。通常来说，淡色、低酒精度的啤酒，比深色、高酒精度的适饮温度更低。

由于手温和常温的酒杯可能让啤酒温度升高，啤酒储藏温度应比最佳适饮温度更低一些。同时，强烈建议将常用酒杯沥干后，放置在酒柜（冰箱）冷藏，以减少酒杯对倒入啤酒温度的影响。

下图是常见啤酒风格的适饮温度信息，仅供参考，根据具体酒款特性及个人口味，你喜欢的温度就是最好的！

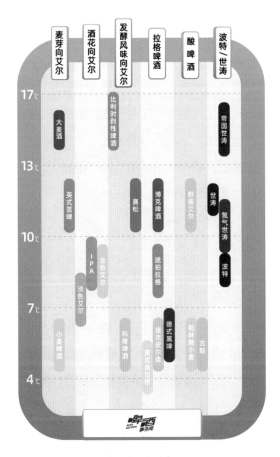

▲ 不同啤酒的适饮温度（设计：老沙）

三句话点到喜欢的酒

独乐乐，不如一起喝。虽然在家喝也很快乐，但我还是鼓励大家多去精酿酒吧喝。然而，常有刚入门的"顿友"（啤酒事务局的粉丝）说，面对密密麻麻的酒单，真的不知道怎么点；尤其是对于"小酒量"而言，如果不小心点到一杯不喜欢的酒，这个晚上也就浪费了。下面这三句话应该可以帮到你。

"可以打一点试试吗?"

大部分精酿酒吧是可以免费试酒的。让我爱上精酿的原因之一，就是精酿酒吧轻松、随意的氛围。精酿啤酒的味道实在太多了。一款新酒，即使对于精酿"老司机"来说也是巨大的未知。所以，我特别喜欢提供"尝一尝"服务的精酿酒吧，这让我在城市生活中感受到些许的人情味儿，并且避免浪费。

关于精酿酒吧是否应该提供免费试酒，已经是业界老生常谈的话题了。我的观点是：精酿啤酒代表了开放、多元的文化。精酿酒吧老板有权力做任何（合法的）运营决策；不同性格的老板、各种各样的精酿酒吧，本身也是多样性的体现。提供免费试酒不是酒吧的义务，正因如此，如果你去的酒吧恰好可以免费试酒，更应珍惜。

试酒的时候，请和我一起遵循这三个原则：

❶ 礼貌询问。

❷ 除非真的难以下咽或有明显异味，尽量喝完。

❸ 试了三款之后，至少点一款。

如果你去的酒吧不提供免费试饮，也不必坏了心情——喝酒是为了开心！你可以选择扭头就走，或者尝试点一杯，看看这家酒吧会不会在其他方面打动你。你可以问问酒吧是否提供付费的"品鉴套装"，一般约为100毫升，五六款酒，压力也不算太大。

如果酒吧既不能免费试饮，也没有品鉴套装，你甚至可以礼貌地和老板/吧员商量："点两款，每款半杯，按贵的那款算一杯的钱。"

只要好好说话，成功率在八成以上。

"老板，有什么推荐吗?"

下图是杭州 TAPDOG 精酿酒吧的酒墙，也是我们最常在精酿酒吧看到的信息格式。以7号牌为例，信息解读如下：

终止治疗：酒款名

酿造方程式：酒厂名

美式 IPA：风格

ABV：酒精度

IBU：国际苦度值

从"喝"的角度，最相关的是"风格"以及"酒精度"(酒精浓度，一般用ABV加百分数表示)。酒精度越高，酒越烈。IPA、世涛、古斯、柏林酸小麦、赛松、皮尔森……这些都是啤酒的"风格"。知道风格，大概就知道了这是一款什么风味方向的酒。我们将在下一章详细介绍啤酒风格知识。

在不知道自己喜欢风格的情况下，不妨让精酿酒吧老板/侍酒师推荐一下。因此，为了提高选酒效率，一定得坐吧台。

有经验的侍酒师会问你几个问题，比如能否接受酸或苦，喜不喜欢甜的？现在很多啤酒中都添加了水果、茶、香料等"增味原料"，你甚至可以说你喜欢什么水果，说不定酒头上就有一款有类似水果风味的啤酒。

通过和侍酒师交流，多试几款，你很快就能知道自己喜欢的风格。下一次去酒吧，通过风格信息先锁定几款，再通过试饮/小杯，就能点到最喜欢的那款。

"有什么新酒吗？"

对于资深顿友而言，常见厂牌的常规酒款，基本上喝得差不多了。走进一家精酿酒吧，最常用的一句话或许是"有什么新酒吗？"喝新酒，既满足了尝鲜心态，又基本保证了酒款的新鲜度。

啤酒是最体现本地风土（原料）和人情（审美）的酒精饮品。在旅行时，一定要优先去有本地酿造的啤酒、最好是有自酿的精酿酒吧。走进酒吧，坐上吧台问问"有没有本地厂牌的酒？"这时，老板就知道你是老顿友了。和老板、旁边的酒友聊聊本地啤酒，度过美好的一晚，顺便在当地收获新朋友。在第三章，我们将一起开启啤酒旅行。

CHAPTER

02

啤酒不止"大绿棒子"

⋮

From Ordinary to
Extraordinary

没有什么不能用来酿啤酒

很多人对啤酒抱有深深的误解，认为啤酒只有一个味道。这是因为超市里眼花缭乱的啤酒品牌，实际上只是一种风格，也就是最常见的工业拉格，或俗称的"水啤""大绿棒子"。

其实，啤酒的世界千变万化。不同麦芽、酵母、酒花（以及水）的奇妙组合，或清爽，或淳厚，只有想不到，没有做不到。啤酒还是最开放的酒精饮料——除了四大原料，你还可以在啤酒酿造中投放本地的水果、香料、咖啡、茶叶，各种意想不到的原料，也可以在橡木桶和酒坛中陈酿。酿酒师们肆意挥洒创意，拓宽啤酒的边界，不断颠覆我们对啤酒的认知。

即使是我们最熟悉的工业拉格啤酒，也能经常听到像干爽、纯生、扎啤、原浆、生啤、冰啤、鲜啤这些词。《啤酒》国家标准（GB/T 4927—2008）中包含如下定义：

生啤酒（draft beer）：不经巴氏灭菌或瞬时高温灭菌，而采用其他物理方法除菌，达到一定生物稳定性的啤酒。

鲜啤酒（fresh beer）：不经巴氏灭菌或瞬时高温灭菌，成品中允许含有一定量活酵母菌，达到一定生物稳定性的啤酒。

国标里不仅没有"纯生"，也没有"原浆"的概念。根据某大厂的宣传材料，他们的"原浆"指的是"三不"：不杀菌（也就是"鲜啤酒"）、不过滤（保留活性酵母和胶体物质，对应国标里"浑浊啤酒"的概念）、不稀释。为了降低成本，工业酒厂经常会酿造更高浓度的啤酒，发酵完成后兑水稀释，"不稀释"指的就是不兑水。这"三不"是这家酒厂对自家"原浆"的定义，也符合中国酒业协会推出的《原浆啤酒》团体标准（T/CBJ 3102—2020）中的定义。无论是啤酒的国标还是团标，都不是强制性的。因此，这些词对于不同酒厂，在不同场景下，有不同的含义。

◀（左）大九的一款添加了芒果汁、桃汁和椰丝的酸啤酒

◀（右）2022年5月，啤酒事务局和拾捌精酿联合推出了一款"蔬菜自由"，"报复性"地添加了18种蔬菜汁，酿成了这款成人版的"农夫果园"

◀（左）一款添加了胡椒和拉布拉多茶的自酿啤酒

图源：aetb/stock.adobe.com

◀（右）来自武汉小恶魔精酿的热干面世涛啤酒，加入了花生酱和辣椒，模拟出热干面的香辣感

◀（左）水猴子的这款啤酒，在白酒坛中陈放了800多天，还投入了白酒的大曲

◀（右）这款来自广东的真男人啤酒，添加了人参、锁阳、肉苁蓉等42味中药材

▲ 不同风格的啤酒　图源: art4all/stock.adobe.com

本书中的啤酒分类主要参照《BJCP分类指南》中的啤酒风格。在2021版的《指南》中，共收录了100多个风格。

曾经，我也希望通过一张图、十分钟，快速学习啤酒风格。在《啤酒事务局》第8期播客节目中，我邀请了上海精酿协会培训负责人王汉娜，试图通过一期节目梳理啤酒风格。折腾了4个多小时以后，我们终于意识到——不可能！

在历史上，相似的啤酒可能在多个不同的区域同时出现，演化，交叉影响，又产生了新的分类……有大量的啤酒风格，虽然叫不同名字，但喝起来十分接近；或者，虽然叫同一种名字，但不同区域、酒厂出品的产品喝起来又十分不同。

于是，后来我们和BJCP认证裁判郑琛华一起策划了《啤酒教室》系列播客节目。郑琛华通过8期，近10个小时的节目，总算让我找到了学习啤酒风格知识的思路。感谢郑老师！

牛啤堂的小辫儿收集、翻译、整理了大量资料，绘制了《世界啤酒族谱》(见本书插页)。看到这张族谱，是否被吓到了？别担心，作为入门者，你不必了解图上全部的啤酒风格。本着实用的原则，我们还是回到"喝"的初衷，按风味(结合发酵方式)的维度将啤酒简单归成7个类别：拉格啤酒、麦芽主导艾尔啤酒、酒花主导艾尔啤酒、发酵风味主导艾尔啤酒、酸啤酒、水果啤酒以及不是啤酒的"啤酒"。

这样归类并不严谨。比如美式世涛，除了麦芽，酒花风味也可能被感知到；比利时小麦除了发酵风味，增味原料的味道也非常明显；科隆啤酒同时体现了麦芽、酒花和酵母的魅力*……分成这7个类别，仅为梳理共性、方便记忆。

在这7个类别中，我挑选了国内最常见的风格重点介绍。这并不意味着其他风格不好喝、不重要，仅仅是因为这些是中国精酿厂牌酿造最多、国内精酿酒吧最常见的风格；当然，也难免受到我个人饮酒习惯和审美的影响。

《BJCP分类指南》是目前世界上最权威的啤酒风格分类指南。每个风格英文名称之后的编号是该风格在2021年版《指南》中的编号，方便对某个风格有更多兴趣或疑问的顿友查阅。

拉格啤酒

淡色拉格

淡色拉格（Pale Lager）是当今世界上最流行的啤酒类型。各国大型工业啤酒厂的主力产品，也就是俗称的"大绿棒子"，就属于淡色拉格。有些酒厂在营销时会有意无意地宣传自己的产品为"皮尔森"。实际上，根据酒厂不同，"大绿棒子"可能对应的是《BJCP分

---

* 相对于发酵及酒花风味，科隆啤酒的麦芽风味可能稍显突出，但优质的科隆啤酒还体现了发酵产生的醇香；淡淡的水果香气虽然微妙，却是使其区别于拉格啤酒的重要特征，因此在本书中将其归类为"发酵风味主导"。

▲ 图源: iStock.com/PJjaruwan

类指南》中的美式淡爽拉格（American Light Lager，1A）、美式拉格（American Lager，1B）或国际淡色拉格（International Pale Lager，2A），在此我们简单称为"淡色拉格"。

淡色拉格的最初来源的确是捷克皮尔森和德式皮尔森，但是，为了降低原料成本，工业酒厂大多会在淡色拉格中添加像大米、玉米这样的辅料。酒体淡（"水"），二氧化碳含量高，清爽解渴，十分易饮。产品有淡淡的麦芽和酒花风味，可能有面包或麦芽、谷物的甜香，以及轻微的酒花辛香、花香或草药香。

这是让我们又爱又恨的一种酒。一方面，淡色拉格无论是价格、口感还是饮用场景，都十分平易近人。另一方面，劣质的淡色拉格可能含有较高的乙醛和杂醇，容易让大众对啤酒产生反感，第二天还会头疼*；运输和保存不当会导致啤酒氧化，透明和绿瓶包装还容易带来日光臭……但这些都不是淡色拉格的问题，而是盲目追求利润、缺乏啤酒知识的不良酒厂和商家的问题。正因如此，当我们喝到一杯冰爽、鲜美、优质的淡色拉格，更应感到十分珍惜，并且再来一杯。

捷克淡色拉格

1842年"双十一"那天，捷克波希米亚地区皮尔森市的酒友们喝到了市民啤酒厂（Citizens' Brewery，捷克语：Bürger Brauerei）推出的一款新酒。和以往深色、上层发酵的艾尔啤酒不同，这是目前能够追溯到的世界上第一款淡色拉格啤酒。这款酒采用了浅色麦芽，

---

* 好啤酒让人微醺（"上头"），喝多了还可能断片，但第二天醒过来绝对不会让你感到头疼。第二天头疼不是因为啤酒"劲儿大""真材实料"，而是因为酒中的杂醇，这是劣质啤酒的表现。

巴伐利亚下层发酵技术,最终呈现出诱人的金色透明酒体。

1859年,市民啤酒厂注册了"皮尔森啤酒(Pilsner Bier)"作为商标,成为如今各类"皮尔森"啤酒的始祖。1898年,酒厂改名为 Plzeňský Prazdroj(Pilsner Urquell,中文名"乌奎尔"或"博世纳"),意指"正宗的皮尔森啤酒厂"。直到今天,在捷克仍然只有乌奎尔啤酒才被叫做"皮尔森"。

以乌奎尔为代表的捷克优质淡色拉格(Czech Premium Pale Lager, 3B),采用捷克麦芽,捷克拉格酵母,捷克贵族酒花(如萨兹)以及软水酿造。金色至暗金色的透明酒体,泡沫洁白细腻,持久挂壁。酒有明显的面包香,以及贵族酒花典型的花香、香料及草药香气。苦度较高,但并不刺激。口感圆滑顺口,回味悠长。与其风味类似,但酒体更薄、酒精度数更低的版本被称作捷克淡色拉格(Czech Pale Lager, 3A)。

▲ 乌奎尔皮尔森　图源: iStock.com/Matej Zukovic

▲ 位于捷克皮尔森市的乌奎尔啤酒厂
图源: Magda Ehlers

德式皮尔森

1842年的那杯淡色拉格诞生在捷克,酿酒师却是一名叫 Josef Groll 的巴伐利亚人。自诞生之日起,淡色拉格迅速流行到周边地区,包括德国。

德式皮尔森(German Pils, 5D)借鉴了捷克皮尔森的酿造方式,但使用了水质更硬的德国水源、德国酒花和酵母。香气和捷克皮尔森类似，但颜色更浅，口感更清脆、干爽，苦度也更高。

慕尼黑清亮啤酒

1894年，为了与日益流行的皮尔森啤酒竞争，慕尼黑的斯巴德（Spaten）酒厂酿造了这种淡金色的清亮型啤酒。德语中 Helles 是明亮、淡色的意思，因此得名慕尼黑清亮啤酒（Munich Helles, 4A），又称清亮啤酒或海莱斯（Helles）。

慕尼黑清亮啤酒也有贵族酒花香气，但比德式皮尔森弱一些，主要体现为香甜的麦芽风味，口感柔和，清爽易饮。

德式黑啤

▲ 图源：Pelz/stock.adobe.com

从"大绿棒子"到精酿啤酒的过渡时代，你一定听说过"黑黄白"。在中国，"黑啤"可以指任何类型的黑色啤酒，但是在德国，则专指这种深棕色（偶尔也有黑色）的深色拉格啤酒。

德式黑啤（Schwarzbier, 8B）以皮尔森麦芽和慕尼黑麦芽为基础，适量的烘烤类麦芽加深了颜色。酒的麦芽风味比较突出，如谷物甜香、烤面包，甚至咖啡和巧克力的香气，但并不会有粗糙的焦糊味。贵族酒花可能带来些许花香、辛香和草本的香气。酒体较轻，气泡充盈，干爽易饮。

博克啤酒

博克（Bock）啤酒起源于14世纪的德国北部小城艾恩贝克（Einbeck），传到巴伐利亚地区的时候，由于当地人的口音问题，

Einbeck 被念成了 ein Bock，这种酒因此得名 Bock。在德语中，Bock 是公羊的意思，至今很多博克啤酒的酒标上仍然画着公山羊的图案。

博克啤酒是一大类凸显麦芽风味的啤酒，酒精度也比较高（6.3%以上）。除了小麦博克，所有的博克啤酒都属于拉格啤酒。小麦博克（Weizenbock，10C）采用了至少50%的小麦芽，使用艾尔酵母发酵。

▲ 深色博克啤酒　图源: ysbrandcosijn

清亮博克（Helles Bock, 4C）拥有淡色、透明的深金色酒体。德国传统上在春天或5月饮用，因此又称五月博克（Maibock）。麦芽风味以香甜谷物为主，伴随轻微的烘烤香气。酒花带来的花香、草药香和辛香承托着明显的麦芽风味。

深色博克（Dunkles Bock, 6C）通常是浅铜色到棕色，仍然比较透亮。和清亮博克相比，面包、吐司的麦芽香气更加突出。酒花仅贡献轻微苦味，以平衡麦芽的甜味。

双料博克（Doppelbock, 9A）有浅色和深色版本，分别是清亮博克和深色博克的风味以及酒精度的加强版。最初的双料博克是17世纪的方济各会的修道士酿造的，当时仅有深色版本。这种酒被当做液体面包，作为修士们日常的营养补充[17]。

除此之外，还有冰馏博克（Eisbock, 9B），通过冰馏工艺去除双料博克中的部分水分，从而提升酒精度。

酒花拉格与冷 IPA

这两种风格都是尚未被《BJCP 分类指南》收录的新型啤酒。两个名字经常被混用，其实有所区别。

▲ 京A的"平行世界"冷IPA

酒花拉格（India Pale Lager, IPL）是将IPA配方中的艾尔酵母替换成拉格酵母，以拉格酵母适宜的低温发酵而成的。酒花香气（如花草、柑橘香）比一般的拉格啤酒更加突出，但不如冷IPA。

冷IPA（Cold IPA）的名字中虽然包含了IPA（印度淡色**艾尔**），但除了极少数酒厂使用艾尔酵母之外，一般是用**拉格酵母发酵**的。和通常的IPA相比，除了使用拉格酵母，冷IPA使用更少的特种麦芽，但可能加入一些像玉米、大米这样的辅料。和一般的拉格啤酒（包括酒花拉格）相比，发酵温度更高。目前市面上的冷IPA大多使用新世界酒花，最终呈现出的效果像酒花风味加强版的美式IPA——有突出的柑橘、松针、热带水果的香气，苦度也更高[18]。

艾尔啤酒（麦芽主导）

英式苦啤

17世纪之前，啤酒的酿造麦芽是用木材和泥煤烘烤的。这两种燃料不仅会给麦芽带来特殊的味道，温度也难以控制，导致烤出来的麦芽、酿出来的酒都是深色的。1642年，英国的制麦师傅们用新发明出来的焦炭（一种杂质更少的高碳含量燃料），制作出了烘烤程度更低的浅色麦芽[19]。这是世界啤酒发展史上的重要时刻——有了浅色麦芽，淡色艾尔（Pale Ale）诞生了。

由淡色艾尔衍生的啤酒类型越来越多。为了方便点酒，英国的酒友们开始用"苦啤"（Bitter）这个词，以区分酒花程度更强的淡色艾尔，以及更甜、风味更淡的"淡味啤酒"（Mild）[20]。今天，"淡味啤酒"的说法已经很少使用，但"苦啤"还在沿用。

传统上的英式苦啤使用英式酵母、英式酒花和英国麦芽酿造。这一类啤酒颜色一般在淡琥珀色到黄铜色的范围内。麦芽和酒花风味较平衡，麦芽风味更突出一些，

▲ 富勒（Fuller's）酒厂的伦敦之巅（London Pride）是苦啤的典范之作。
图源：eunikas/stock.adobe.com

如面包、饼干、轻度烘烤的麦芽香，还可能由略微的焦糖气息。低二氧化碳含量，收口中度偏干。英式苦啤分为普通苦啤（Ordinary Bitter，11A）、最佳苦啤（Best Bitter，11B）和高度苦啤（Strong Bitter，11C）。这三种苦啤的酒精度数递增（从3.2%到6.2%），苦度也逐渐增加。

大麦酒

大麦酒也被译作大麦烈酒，在英国写作 barley wine，美国写作 barleywine。虽然名字中有"wine"（葡萄酒），但大麦酒是麦芽发酵的啤酒。之所以叫做"wine"，是因为其酒精度和葡萄酒类似（8%～12%）。

大麦酒分为英式大麦酒（English Barley Wine，17D）和美式大麦酒（American Barleywine，22C）。两者都有多样、充沛、浓郁的麦芽香气，如面包、太妃糖、焦糖的风味。英式大麦酒一般为深棕色。喝起来有些许英式酒花的花香、泥土香，有时会有淡淡的深色水果或干果的味道。美式大麦酒通常颜色要比英式大麦酒浅一些，虽然

也是麦芽香气为主，但酒花香气和苦度都比英式大麦酒高。这两种酒喝起来都能感受到酒精的温热感，酒体饱满厚重。

由于酒精度数较高，大麦酒特别适合陈化。陈化后的香气会变得更加复杂，酒精感会变得更加圆润，并获得像波特葡萄酒、雪莉酒的风味。很多酒厂都会在冬季发布陈年的限量版本。

世涛

英文中的 Stout 最早意为骄傲、勇敢；14世纪之后，开始有了"强烈"的意思。在1677年的一部文献中，就有用"Stout Beer"来指代"烈性啤酒"的说法[21]。

1720年左右，一种深色啤酒开始在伦敦流行。这种酒使用了棕色麦芽以及较多的酒花，抗热性好，不容易腐坏——最重要的是便宜，工人阶级尤其是码头工人（Porter）特别喜欢喝，因此得名波特（Porter）。波特诞生之后，Stout 作为一个形容词，自然也被用来形容烈性的波特，于是有了世涛型波特（Stout Porter），简称世涛（Stout）。

最初，世涛型波特和普通波特仅仅是酒精度的区别。后来，"世涛"这个词逐渐被用来专门指代世涛型波特，不再用于形容其他风格的啤酒。现在的"世涛"通常指凸显烘烤麦芽风味，口感绵密，有一定苦度的深色啤酒。

在两三百年的发展历程中，波特/世涛在不同地区衍生出了各种各样的版本。比如，由于高度酒税收政策，今天被归类为爱尔兰浓世涛的健力士浓世涛（Guinness Extra Stout），酒精度从19世纪的7.7%下降到了20世纪30年代的4.4%。20世纪70年代美国精酿运动兴起之后，精酿厂牌的酿酒师们从不同历史时期的波特/世涛中寻找灵感，并据其命名自家酒款。类似风味和酒精度的酒，可能被一家酒厂命名为"波特"，但被另一家酒厂命名为"世涛"。在英语国家，"波特"和"世涛"经常被混用。不过，对于大多数国内精酿厂牌来说，世涛比波特的酒精度更高、酒体更饱满、颜色更深。

▲ 健力士是世界上最知名的世涛啤酒　供图：Anton Ivanov Photo – stock.adobe.com

　　世涛有很多种类型。以健力士（Guinness）而闻名的爱尔兰世涛（Irish Stout, 15B），经常会充氮气，带来奶油般的口感。除了麦芽，美式世涛（American Stout, 20B）同时体现新世界酒花的风味，酒精度数也比较高。燕麦世涛（Oatmeal Stout, 16B）添加了燕麦，从而呈现出更多谷物的香甜，酒体质感也更加丝滑。甜世涛（Sweet Stout, 16A）也叫牛奶世涛（Milk Stout），其中添加了乳糖，喝起来更加甜蜜、顺滑。热带世涛（Tropical Stout, 16C）和甜世涛类似，但有更突出的水果酯香。甜品世涛（Pastry Stout）就像喝液体甜品，酿造时可能会真的把甜品（如巧克力蛋糕）丢进去！

　　啤酒的颜色主要是麦芽带来的；麦芽烤的温度越高、时间越长，颜色也就越深。世涛就是用了大量的深度烘烤麦芽，才带来了深色的酒体。世涛很香，但深色、甚至是黑色的酒体可能让一些人难以接受，于是，白世涛（White Stout）诞生了。这是近年来新出现的一种风格，尚未被《BJCP 分类指南》收录。白世涛并不是白色，而是金色的艾尔啤酒。酿造白世涛的时候，酿酒师尽量避免使用深色（深度烘烤）的麦芽。为了模拟深烘麦芽在世涛啤酒中经常体现的咖啡、巧克力的风味，白世涛中会加入较多的咖啡和可可。如果要更进一步模拟世涛的风味和口感，有些还会加入香草、燕麦、乳糖、小麦芽和焦糖类麦芽。

帝国世涛

18世纪，伦敦的铁锚酒厂（Thrale's Anchor Brewery，不是后来的美国铁锚酒厂）为将产品出口到当时的俄罗斯帝国，酿造了一款酒精加强版烈性英式波特啤酒，因此有了"帝国世涛"（Imperial Stout, 20C）的说法。现在，"帝国"不止用在世涛上，也用在像"帝国 IPA"这样的风格上，表示高酒精度和强烈风味。

"波特—世涛—帝国世涛"，如同"淡色艾尔—IPA（印度淡色艾尔）—帝国 IPA"之间的关系，浓烈程度依次递增。

由于酒精度比较高（8%以上），喝下去常常会有温热感。帝国世涛有很多不同类型，从干到甜，表现从完全无酒花到明显的酒花，相通之处是浓烈、厚重的风味和口感。不同类型的特种麦芽常常赋予帝国世涛焦香的面包、焦糖、咖啡、巧克力、深色水果或干果的风味。帝国世涛也特别适合添加各种原料做增味或经橡木桶陈放，从而拥有更加丰富的味道。

艾尔啤酒（酒花主导）

英式 IPA

18世纪初，英国东印度公司的船只开始装载着淡色艾尔啤酒前往印度。从英国到印度至少要6个月，两次经过赤道。到了印度之后，啤酒大多已经染菌、腐坏了。为了延长啤酒保质期，英国人尝试了各种方法，比如在桶中添加酵母，让其在航行中发酵，或提高酒精度，到了印度再稀释……最终发现，提高啤酒花的添加量可以有效抑菌保鲜，于是，这种酒花加强版的淡色艾尔——印度淡色艾尔（India Pale Ale, IPA）诞生了[22]。

现代版的英式 IPA（English IPA, 12C）体现了较强的英式酒花香

▲ 英式 IPA
图源：barmalini/stock.adobe.com

气，如花香，辛香料和柑橘类的香气，伴随些许麦芽风味，如面包、饼干、太妃糖、焦糖。口感较干，回苦绵长但不粗糙。在特伦特河畔伯顿（Burton-upon-Trent）酿造的 IPA，由于水中的硫酸钙高，酿造出的英式 IPA 会有一些矿物味，口感更加清脆干爽。

美式淡色艾尔

美式淡色艾尔（American Pale Ale，简称 APA, 18B）是一种淡黄至金色，清爽，饱含新世界酒花香气的艾尔啤酒，最初是将英式淡色艾尔中的英式酒花替换成美式酒花而来，自20世纪七八十年代诞生以来，已经成为美国精酿的代表风格之一。风味以酒花表现为主，如柑橘类热带水果、莓果、蜜瓜、核果（桃/杏/李子）、松针、树脂、草药和花香，同时也需要适当的麦芽结构平衡酒花，支撑酒体，可能体现略微的面包、饼干或焦糖的麦芽香气。酒的苦度和杀口感中等偏高。

美式 IPA

美式 IPA（American IPA, 21A）和美式淡色艾尔的来源类似，最初是将英式 IPA 中的英式酒花替换成美式酒花而诞生的。酒花风味也是典型的美式或新世界酒花的香气。和 APA 相比，酒花风味更

▲ 突出的酒花香气是美式 IPA 最重要的特征　图源：iStock.com/zmurciuk_k

浓郁，苦度更高，酒精度也有所提高。麦芽部分平衡了酒花的苦味，但残糖较低，喝起来较爽口。

双倍 IPA

美式 IPA 已经很香了，美国人还嫌不过瘾，继续加大酒花投放量，于是双倍 IPA（Double IPA, 22A）诞生了。双倍 IPA 有时也会被叫做双料 IPA 或帝国 IPA（Imperial IPA），具有十分突出的美式或新世界酒花的风味，也会有一些谷物香或焦糖、烘烤的麦芽风味。优质的双倍 IPA 虽然酒精度较高（一般在7.5%～10%），但并没有酒精的刺激感，甜度也不高。口感圆润细腻，配合较明显的杀口感，苦是苦了点儿，还算干爽可口！

浑浊 IPA

浑浊 IPA（Hazy IPA, 21C）也叫新英格兰 IPA（New England

IPA），2004年诞生于美国的新英格兰地区。浑浊 IPA 是一种具有强烈水果风味，口感饱满，圆滑的浑浊型美式 IPA。与传统的美式 IPA 相比，浑浊 IPA 的感知苦度更低，但由于使用了酒花干投技术，酒花香气可一点儿都不少——甚至更高。酒花重点突出柑橘等热带类水果、核果类水果的香气。优质的浑浊 IPA 经常给人一种在喝果汁饮料的错觉，因此有些美国人会称之为果汁 IPA（Juicy IPA）。

▲ 浑浊 IPA
供图：Kalei Winfield

2018年，浑浊 IPA 作为一种独立的啤酒风格，被《BJCP 分类指南》正式收录。近年来，浑浊 IPA 衍生出了更多风格，如畅饮版的社交型浑浊 IPA（Session Hazy IPA），酒花投放量更大的双倍浑浊 IPA（Double Hazy IPA），使用乳酸菌酸化的酸浑浊 IPA（Sour Hazy IPA），投入乳糖和燕麦的奶昔 IPA（Oat Cream IPA/Milkshake IPA）。增味型的水果啤酒（Fruit Beer）也经常用浑浊 IPA 作为基酒。

专栏：什么是"硫醇啤酒"

硫醇是一类自带气味的有机化合物，在水果、酒花，甚至麦芽里都存在。硫醇有两种形态：游离硫醇（free thiols）和结合硫醇（bound thiols）。结合硫醇的香气像是被锁在一个保险箱里，飘不到你的鼻子里，而游离硫醇已经被"解锁"，香气能"游"到你的鼻子里，所以才能被感受到。

有些酒花，像西楚、夏洛、马赛克、尼尔森苏维，天生就包含了大量的游离硫醇，直接用也很香。另一些酒花，比如卡斯卡特和世纪酒花，含有大量的结合硫醇，需要通过一些工艺将其释放出来，从而被人闻到，比如在糖化阶段投酒花（Mash Hopping）。因为糖化过程中，有些正在转化淀粉的酶恰好也可以"剪断"结合硫醇，让它们"游起来"。

2021年，美国 Omega 酵母公司发布了一种"硫醇化酵母"（thiolized yeast），命名为 Cosmic Punch（OYL-402）。这种酵母原本几乎没有将被"锁住"的结合硫醇转化为游离硫醇的能力，现在经过基因改造，在发酵过程中，能够有效释放硫醇蕴含的香气。这种用硫醇化酵母发酵的啤酒有时被简称为"硫醇啤酒"。

人体对硫醇的感官阈值非常低。根据 John I. Haas 公司的研究，在相当于20个专业游泳池水量的啤酒中，只要一滴游离硫醇，我们就能闻得到。而啤酒花中另外一种常见的香气物质里那醇（linalool），要在同样的啤酒量里放4升，才能让我们闻得到。月桂烯（myrcene）则要放24吨！因此，人体是非常可怕的硫醇感知器！

常见硫醇化合物产生的风味

硫醇化合物缩写	产生的风味
4MMP	黑加仑。富含 4MMP 的啤酒花，包括西楚、卡斯卡特、奇努克、西姆科、银河、尼尔森苏维，甚至像萨兹这样的欧洲贵族酒花也会有
3MH	百香果、番石榴等水果香气。富含这些硫醇化合物的啤酒花包括尼尔森苏维、亚麻黄、马赛克、西楚、卡斯卡特等
3MHA	百香果、西柚香气。富含这些硫醇的啤酒花包括西楚、卡斯卡特、大力神、萨兹等
3MO	油桃、白桃的香气。新西兰品种如尼尔森苏维中含量很高

简而言之，硫醇化酵母能够有效地将结合硫醇转化成游离硫醇，从而能够很容易被人感知到，是啤酒中重要的香气物质。不用硫醇化酵母不代表啤酒中没有游离硫醇。游离硫醇也不是酒花中唯一的香气物质。下次看到所谓的"硫醇啤酒"，不要被吓到，闻闻香不香就对了！

美式小麦

美式小麦啤酒（American Wheat Beer, 1D）一般采用艾尔酵母发酵，还会用到30%～50%的小麦芽以及新世界酒花。酒体一般呈浅金色，有生面团、面包的谷物的风味，但没有德式小麦的香蕉、丁香的发酵风味，有时能感受到美式酒花的柑橘、水果、花草香气，杀口感比较强。

 专栏：什么是"干投"和"DDH"

啤酒花给啤酒风味的贡献包括各种各样的香气以及苦味。啤酒酿造的时候通常需要在煮沸麦汁的时候（熬煮阶段）添加啤酒花，在这个过程中产生的异构化α酸贡献了啤酒中80%的苦味。煮得越久，异构化α酸越多，啤酒也就越苦。

然而，酒花的香气物质来源于其中的精油，精油在高温时极易挥发，所以在煮沸时投入酒花，能够被保留下来的酒花香气就很少。为了让更多香气保留下来，酿酒师们开始"干投"（Dry Hopped, DH），即在发酵阶段或发酵结束之后投入酒花，这样能够保留酒花精油中的香气物质，又不会增加太多苦味。如今，几乎所有的IPA都会干投，甚至干投两次。

DDH，即Double Dry Hopped（直译为"双倍干投"）。即便在这个词的发源地美国，也有两种不同的解读，即"干投两次"或"干投更多酒花"。据说，"干投两次"是其原始含义，但鉴于现在几乎所有IPA都会干投至少两次，目前DDH的主要含义是后者，即"干投更多酒花"，并不是绝对的"双倍"。在精酿行业并没有对于"单倍"是多少的共识，因此也谈不上"双倍"是多少。"DDH"只是单纯表达了"干投了很多酒花"而已。

现在，除了"双倍干投"，还有"三倍干投"（TDH）、"四倍干投"（QDH）的说法，这些实际上指的是"干投了很多很多酒花""干投了很多很多很多酒花"……虽然干投多少取决于各家酒厂自己的标准，但既然敢自称为DDH，说明酿酒师对这款酒的酒花风味十分自信，你大概可以期待这是一款酒花香气不错的酒。

艾尔啤酒（发酵风味主导）

赛松

赛松（Saison, 25B）起源于比利时讲法语的瓦隆区。法语中
saison 是"季节"的意思，最初是指在冬季酿造，春夏饮用的一款
季节型啤酒。传统的赛松使用当地的斯佩耳特（spelt）小麦芽，未
发芽小麦以及大麦芽酿造。酒精含量较低，原因十分合理——农民和
工人们喝完还要继续干活[23]。

现代版的赛松在美国也被称作农舍艾尔（Farmhouse Ale），主
要体现酵母发酵带来的强烈水果酯香（如柑橘、苹果、梨子和核果
类水果），以及像黑胡椒的辛香。欧陆酒花还提供了一些像花香、泥
土、水果和辛香料的气息。酒花的苦度较强。发酵程度非常高，口感
干爽，杀口感十足。

赛松是一大类风格多样的啤酒，深色版的赛松会体现出一些深色
麦芽的风味；烈性版可能喝出轻微的酒精辛辣味。

▲ 德式小麦和深色德式小麦
图源：venemama/stock.
adobe.com

德式小麦

德式小麦（Weissbier, Hefew-
eizen, 10A）使用半数以上的小麦
芽酿造，也被称为"德式白啤"或
"德式小麦白啤"。酒体呈金色，
白色酒头泡沫厚实、持久、细腻。
德式小麦拥有独特的发酵特征，同
时体现了酯类物质（如香蕉）和酚
类物质（如丁香）的香气，口感松
软，收口顺滑。

专栏："白啤"的由来

"白啤"明明不是白色的，这个名字从哪里来？

啤酒通常是大麦芽酿造的，但有些酒使用了大量的小麦（Wheat）或小麦芽，例如德式小麦白啤、比利时白啤、兰比克、柏林酸小麦、古斯等。在西日耳曼语支（包含英语、德语、荷兰语等），whitc（白色）和wheat（小麦）的词源相同，所以这类酒被称为"白啤"。从外观上来看，未经过滤的小麦类啤酒通常呈麦秆色至金黄色；虽非白色，但确是偏淡的黄色，久而久之被越来越多的消费者直观认为"白啤"指的是颜色较淡的啤酒。

如果使用烘烤程度更高的大麦芽和小麦芽酿造，啤酒的颜色会偏深，称为深色德式小麦（Dunkles Weissbier, 10B），拥有更强的麦芽特征（如烤面包、焦糖风味）。过滤版的水晶小麦啤酒（Kristallweizen）拥有清澈的酒体，相对来说更突出水果酯香，酚类香气低一些。

修道院啤酒：比利时单料，双料，三料，四料

为了维持日常开支，支持慈善事业，比利时及周边地区的修道院自中世纪起就有酿啤酒的传统。今天，只有10家修道院酿造的啤酒拥有修道院联盟——国际特拉普协会（International Trappist Association）认证的"正宗特拉普产品"标志。当然，即便没有该认证，也不妨碍其他修道院或商业酒厂酿造修道院风格的啤酒。这类啤酒有一些共同特征，如上层发酵、瓶内二次发酵、高杀口感，并拥有比利时酵母迷人的酚类和酯类香气。

传统上，比利时单料（Belgian Single, 26A）不对外售卖，专供修道士们自己日常饮用，因此也叫修士啤酒（Monk's beer; Patersbier）。酒体呈比较清澈的淡黄色，有明显的比利时酵母发酵带来的辛香（如胡椒、丁香的香气），以及多样的水果酯香（如苹果、

梨、西柚、柠檬、橙子、桃或杏的香气），辅以酒花的辛香或花香，还有轻微的谷物、饼干或面包的麦芽香。苦度较高，收口干爽。酒精度较低（4%～6%），有时采用酿造三料或四料的二道麦汁酿造。

和单料相比，比利时双料（Belgian Dubbel, 26B）的酒精度更高（6%～7%），酒体更厚，颜色也更深，呈较透明的琥珀色至红铜色。双料体现了浓郁、复杂的麦芽风味，如烤面包，巧克力和焦糖的味道。双料经常使用一种叫比利时糖（candi sugar）的焦糖加深颜色，并让风味更复杂。发酵风味仍然很突出，主要是深色水果或果干的酯香，尤其是葡萄干、李子，偶尔有苹果或香蕉的香气；同时体现些黑胡椒的辛香。双料喝起来偶尔会觉得有些甜度，但收口还算比较干爽。

和双料相比，比利时三料（Belgian Tripel, 26C）的酒精度更高一些（7.5%～9.5%），但颜色更浅（一般为深金色）。实际上，三料的风味与单料更为相似，不妨理解为是更加浓烈（但酒花表现更弱）的单料。发酵风味主要体现辛香（黑胡椒、丁香等），也能感受到一些水果酯香，如柑橘类水果（橙子、柠檬等），偶尔也有成熟的香蕉味；可以尝到轻微的谷物、蜂蜜的麦芽甜香，但收口干爽，苦度较高，并不会让人觉得甜；有些许酒精气息但不刺鼻，在同等度数的酒中，可以说易饮性非常强了。

比利时四料（Belgian Quad, 26D）常被叫做比利时深色烈性艾尔（Belgian Dark Strong, Ale）。四料是最浓烈的修道院啤酒（8-12度），风味上像双料的加强版，但麦芽风味更强、酒体更饱满。

▲ 西佛莱特伦12号是比利时四料的代表
图源：danylamote / stock.adobe.com

科隆啤酒

自中世纪以来，德国科隆地区就有酿造上层发酵艾尔啤酒的传统。科隆人很为自己的艾尔啤酒骄傲，以至于到17世纪，市议会立法禁止了在科隆市酿造和销售下层发酵的拉格啤酒[24]。

但是，骄傲归骄傲，谁不喜欢拉格啤酒清爽、干净的口感呢？因此，为了抵抗日益流行的拉格啤酒，科隆的酿酒师们发明了一种混合发酵方法——还是用艾尔酵母发酵，但在发酵完成之后，放进地窖里冷藏一段时间，这样酿出的啤酒口感更加纯净。就这样，科隆啤酒（Kölsch, 5B）诞生了。

今天的科隆啤酒，是一种脆爽、金色、透明的啤酒。发酵带来的水果香（苹果、梨等），贵族酒花的花草、辛香和苦味，以及麦芽的谷物甜香交相辉映，微妙，高雅。口感柔和，但收口又很干。

科隆啤酒十分注重新鲜度。清淡又恰到好处的平衡性，使其在酿造好之后风味衰减的速度比较快（即"老化"）。在科隆喝科隆啤酒，必须得用一种200毫升的圆柱形玻璃杯，即"科隆杯"（Stange）。

▲ 科隆杯，科隆啤酒，科隆大教堂　供图：Carola68

比利时小麦

比利时小麦（Witbier, 24A）又被翻译成"比利时白啤"，是最常见的"白啤"类型，也是很多啤酒爱好者入门的酒款。酒体颜色呈金黄色，略带浑浊。使用大量的未发芽小麦，浅色大麦芽，有时也会添加少量燕麦等其他未发芽谷物；同时，还会添加芫荽籽（香菜籽）、橙皮做增味。

比利时小麦有类似面包的麦芽香，经常让人联想到轻微的蜂蜜和香草味，还有些许辛香。看到香菜籽不要紧张，既然叫"白啤"，那必然不"暗黑"——并没有我们平时吃的香菜味！优质的比利时小麦对增味原料的使用非常克制，恰到好处的香菜籽和橙皮组合，让人感到一些草本、辛香料、明快的柑橘，甚至香水柠檬的美妙气息。口感圆滑、清爽。

▲ 比利时小麦啤酒
图源：barmalini/stock.adobe.com

酸啤酒

自然发酵啤酒与野菌艾尔

一般的啤酒都是人工投入艾尔或拉格酵母酿造的，但在比利时塞讷河谷区域，有一类不用人工添加酵母发酵的酸啤酒，叫做自然发酵啤酒（Spontaneously Fermented Beer）。这个区域有一个叫莱贝克（Lembeek）的小镇，那里产的自然发酵啤酒最为著名，因此这类酒也被叫做兰比克（Lambic, 23D）。

▲ 酿造兰比克的麦汁冷却池　图源：iStock.com/ClaudineVM

　　兰比克使用大量未发芽小麦和陈年酒花。麦汁被放入一种特殊的冷却池（coolship），自然接种空气中的菌群，其中包括以布雷特酵母为主的野菌（真菌），以及产酸的细菌，之后会被放入橡木桶中陈放，缓慢发酵。

　　兰比克有非常独特的谷仓、马厩和湿抹布的"野"味（funky），还有像柑橘、李子、苹果等水果的味道。加入陈年酒花的目的是抑菌，而非提供酒花香气和苦味。传统的兰比克不采用人工充气或瓶内发酵，因此杀口感不强。

　　使用多个年份兰比克混合的兰比克叫做贵兹（Gueuze，23E），有更浓重的"野"味，更复杂的风味层次以及更强的杀口感。饮用前加糖（如红糖、焦糖）的版本叫法柔（Faro），喝起来更加甜美。在发酵过程中，兰比克还可以添加各类水果，成为各类水果兰比克（Fruit

▲ 贵兹啤酒
　图源：Renar/stock.adobe.com

Lambic, 23F），如樱桃兰比克（Kriek）、树莓兰比克（Framboise），苹果兰比克（Pomme）、桃子兰比克（Peche）等。

在葡萄酒世界，只有法国香槟地区产的香槟才叫香槟，其他地区的只能叫"起泡酒"。虽然"兰比克"并无严格的原产地保护制度，但各国酒厂基本都认可只有在塞讷河谷区域出产的自然发酵啤酒才能叫兰比克。这主要是出于对比利时酿酒传统的尊重，也是因为兰比克自然发酵的难度和成本之高，以至于其他区域的酒厂很难严格执行纯自然的发酵工艺。

随着对微生物的研究更加深入，越来越多的酒厂开始掌握人工投入布雷特酵母、乳酸菌和醋酸菌的方法，酿造出风味接近于兰比克风格的酒款。这些人工投入野生酵母和细菌的酒款不能再被称为自然发酵啤酒，但仍然可以被称为野菌艾尔（Wild Ale）。鉴于美国酒厂对其研究得最为深入，BJCP 将这类啤酒归类为美式野菌艾尔（American Wild Ale, 28）。

根据2021年版《BJCP 分类指南》，美式野菌艾尔共包含四种风格。在（部分风格）常规配方之上，将原本的啤酒酵母替换或额外添加布雷特酵母，就成了布雷特啤酒（Brett Beer, 28A）。和常规配方的酒款相比，添加布雷特酵母的版本发酵程度更高，酒体更轻，一般会有更多像热带水果、核果类、柑橘类水果的风味，可能还会有一些谷仓、马厩、泥土的"野"味。纯酸啤（Straight Sour Beer, 28D）不添加布雷特酵母，而采用啤酒酵母和乳酸菌共同发酵，喝起来像柏林酸小麦，但酒精度更高一些。使用啤酒酵母、布雷特酵母、乳酸菌或片球菌的任意组合，且不归属于前两种的啤酒，叫做混合发酵酸啤（Mixed-Fermentation Sour Beer, 28B）。混合发酵酸啤的风味是其基酒的酸化、霉香版本。在以上三种美式野菌艾尔的基础上，添加增味原料（如水果，辣椒），或在非传统木桶（如巴西良木豆、南美香椿）或曾存放过其他酒液（如烈酒、红酒）的酒桶中陈放，有明显增味的野菌艾尔，叫做特种野菌啤酒（Wild Specialty Beer, 28C）。

古斯

古斯（Gose, 23G）啤酒发源于13世纪的德国中北部小镇戈斯拉尔（Goslar）。最初，酿造用水来自一条叫古斯（Gose）的小河，因此得名。

最早的古斯还是露天自然发酵[25]。现代版的古斯通常采用乳酸菌锅内酸化，然后加入酵母发酵。除了大量使用小麦芽，还会投入香菜籽和盐（模拟古斯河水），赋予其柠檬、梨果类水果（如苹果、梨）、酸面团的香气，以及轻微的香菜籽气息。酒的咸度并不过分，苦度也比较低，杀口感强，口感明亮、鲜活，酸爽可口。古斯特别适合在饭前喝一杯开开胃，也经常作为各类增味型水果啤酒的基酒。

柏林酸小麦

柏林酸小麦（Berliner Weisse, 23A）使用大量的小麦芽酿造，乳酸菌酸化。乳酸感干净、清脆（但没有醋酸的锐利感），让人联想到酸面团、酸面包。有时会体现一些水果风味，如柠檬、酸苹果、桃、杏以及淡淡的花香。没什么苦味，也没有酒花风味——很多柏林酸小麦甚至不添加酒花。碳化度高，收口干爽。

除了酿酒酵母，传统的柏林酸小麦还会有布雷特酵母参与发酵。现代版的柏林酸小麦不一定使用布雷特酵母；即便使用，也没有明显的"野"味，仅体现布雷特的花香和水果香气。

水果啤酒

顾名思义，水果啤酒（Fruit Beer, 29）是添加了水果的增味型啤酒。水果啤酒是一个包罗万象的分类，基于各种各样的啤酒风格，

▲ 一款添加了西柚汁的水果啤酒　图源：iStock.com/bhofack2

添加的水果包括果汁、各类水果提取物等。常见的基酒风格包括各类小麦啤酒（如柏林酸小麦、古斯、比利时小麦）、IPA（如酸 IPA、酸浑浊 IPA），甚至世涛、美式野菌艾尔等。

　　水果风味可以十分强烈，也可以微妙淡雅，但需要和基酒风味协调，不应掩盖其基本特征——说到底，水果啤酒还是啤酒。不过近年来，水果啤酒中的水果投放量有越来越多的趋势，比如添加了大量未过滤果汁的酸啤酒，由于浓稠度过高，常被国内精酿爱好者称为果泥啤酒，简称"果泥"。

不是啤酒的"啤酒"

　　啤酒是开放、包容的文化产品，热爱啤酒的人也是充满好奇心的。精酿爱好者会探索其他有趣的风味饮料，酿酒师们大多也会酿造其他类型的酒，甚至会与啤酒结合，混合出有趣的跨界产品。

蜂蜜酒

在蜂蜜中加水稀释，投入酵母发酵，就酿成了蜂蜜酒（Mead）。和啤酒一样，蜂蜜酒也有十分古老的酿造历史。考古学家在河南贾湖遗址发现，在公元前7000～5500年之间，这里的先民们就开始用蜂蜜、稻米和水果为原料，混合发酵酒精饮料。

蜂蜜酒也是一种发酵风味饮料。由于精酿啤酒运动的兴起，古老的蜂蜜酒也正在经历一场"文艺复兴"。2012年到2021年的10年间，美国的蜂蜜酒厂数量从150个增长到了600个[26]。BJCP不仅有啤酒，还有蜂蜜酒（以及西打）的分类指南。

根据甜度，可以将蜂蜜酒分为干型、甜型、半干型。除了用不同类型的蜂蜜和酵母，还可以添加各种水果，酿造水果蜂蜜酒（如苹果、葡萄、浆果、核果）；添加香料、草药甚至蔬菜，酿造香料蜂蜜酒；添加麦芽，酿造麦芽蜂蜜酒。

西打

西打（Cider）是苹果汁发酵的酒精饮料。西打可以借助酿酒厂环境中的酵母自然发酵，也可以人工投入艾尔酵母和贝酵母（Saccharomyces bayanus）发酵。西打比大多数啤酒的发酵温度更低（4℃～16℃），发酵时间也更长（3个月以上）。有些西打会在橡木桶（如朗姆酒桶、威士忌酒桶）中陈放更长的时间，获取更加复杂的风味。

西打有很多不同的类型，主要区别在于苹果和酵母的种类、发酵容器、发酵环境和方式。《BJCP西打酒分类指南》将标准的西打分为英式西打、法式西打和新世界西打。西打酒中当然也可以添加增味原料，酿造各类增味型西打酒。常见的增味原料有香料（如肉桂，豆蔻）、水果（如梨、莓果）、植物（如酒花）和甜味物质（如棕糖、蜂蜜）。添加大量糖类发酵，酒精度数更高的西打叫作苹果烈

▲ 图源：iStock.com/bhofack2

酒（Applewine）；使用冻苹果或冰冻果汁去除部分水分后酿造的西打，叫作苹果冰酒（Ice Cider）。

硬苏打

硬苏打（Hard Seltzer）是含酒精的苏打水。酒精来自发酵可发酵糖（如蔗糖），或将食用酒精稀释，然后添加二氧化碳、果汁或食用香精制作而成。和大多数啤酒相比，硬苏打的热量和碳水含量更低，酒精度数也更低（≤5%），很符合年轻人控制热量摄入和"轻社交"的需求，最近几年开始在国内外流行。

CHAPTER

03

跟着啤酒去旅行

⋮

Travel with Beer

啤酒是讲究新鲜度的饮料，也是带有地域特色的饮料。通过旅行的方式，我们可以走进精酿啤酒的精彩世界。去酒吧喝两杯，融入本地人的生活，顺便收获几位新朋友。又通过一杯杯啤酒，感受各地的风土人情。

自从爱上了精酿，我的旅行大多是围绕着啤酒。去一个新的地方之前，先查好这个城市有哪些值得去的精酿厂牌、酒吧，在地图上一一收藏。旅行入住的酒店，自然是在酒吧打卡点之间。

在这一章，我们将从北京出发，大体按照从南到北、从东到西的路线，打卡全国21个城市的38家厂牌，偶尔喝开心了，稍微偏离下路线也无妨。这是一趟完全主观的、个人的旅程。之所以从北京开始，是因为我第一次看到"精酿"这个词是缘于京A。在我看来，这38家厂牌代表了目前中国精酿的最佳水平，但远非全部。还有不少厂牌是我"种草"已久，但由于喝得少、机票贵、和主理人不熟悉等原因，这一趟未能安排，我们下次再去。

每个厂牌故事结尾，我都推荐了两三款酒。这些酒款都是我恰好喝过、认为不错且能体现厂牌特色的常规款，即每个酒厂长期、稳定

▲ 啤酒事务局在南京山丘酒吧组织的云南精酿之夜

供应的经典酒款，若干年后大概率还喝得到。除了常规款，每个酒厂还会有一些实验款（新酒，尚未决定是否要长期供应）、季节限定款、限量发售款，这些酒往往更有意思，甚至可能体现更高的水准。如果你对哪个厂牌感兴趣，除了经典酒款，也不妨试试时令的非常规酒款。

那么，请系好安全带，我们出发了。

北京

京A

1998年夏天，还在上大学的 Kris Li 第一次来到中国。他出生在加拿大的多伦多，父母是中国人，然而他对中国的印象，基本来自外婆做的上海菜。一到北京首都机场，Kris 就被人群、混乱和噪音所震撼。在中国的短短两周里，他吃到了猪肉白菜馅的饺子、拍黄瓜和炸酱面，还喝到了燕京啤酒。当时的北京，处处都在进发能量，每天都在发生变化。Kris 爱上了北京，并暗下决心，毕业后要回到这里。

2001年，Kris 只身从加拿大回到北京。新世纪之初，正是中国积极拥抱世界的黄金年代。和很多刚来中国的老外一样，Kris 原本想着先找一份英语外教工作过渡，却遇到了意想不到的困难——语言培训学校更愿意找一个"看起来像老外"的老外。幸运的是，有些英语教学工作是无须露脸的，比如，录制高考英语学习光盘。

差不多同一时间，还有一个叫 Alex Acker 的小伙也在北京录英语学习磁带。Alex 是中美混血，2000年第一次来到北京，就决定在这里待下来。当时，录磁带需要一男一女对话，和 Alex 搭戏的是 Kris 当时的女朋友。

就这样，两人相识。在接下来的十年，Kris 和 Alex 在北京打拼，也喝啤酒，换了很多工作，并分别在科技和媒体公关领域取得了不错的成绩。

有一次，当时还在微软工作的 Kris 去美国亚特兰大出差。他在酒店喝到了一款 IPA，一看标签，酒厂叫甜水（Sweet Water）；上网一查，发现就在附近，而且当天下午还有一个酒厂开放日活动。于是，Kris 立马赶了过去。

那是一个阳光明媚的下午。Kris 见到了酿酒师，在酒厂的露台上，喝到了从发酵罐刚打出来的 IPA。他被音乐和人们的欢笑声包围，享受着美味的啤酒。他开始想象着在北京创造类似的啤酒体验，对精酿啤酒的各个方面也越来越感兴趣。2011年的冬天，Kris 和 Alex 拼配了一套家酿设备，在一个雾蒙蒙的日子，酿造了第一批啤酒。

Kris 当时有辆"京 A"车牌的吉普车。酿酒间隙，哥儿俩开始头脑风暴未来的品牌名。从"三轮车"到"三环"，最终决定用"京 A"这个名字。直到今日，京 A 的 logo 还是从 Kris 当年拍摄的车牌照片上抠下来的。

有很多本地人司空见惯的东西，外地人会感觉很新奇。因此，外来人往往更能捕捉到某地本土文化的独特之处。京 A 就是这样的一个品牌——从里到外，处处透出浓浓的老北京、新中国的味道。

西瓜是北方人的解暑利器，同样在北京的夏天随处可见的，是胡同里光着膀子的老大爷。2015年夏天，京 A 酿了一款光膀子西瓜小麦。用真西瓜酿啤酒，在国内算是一个创举。为了全面了解关于西瓜的一切，Kris 和 Alex 去了北京大兴区庞各庄镇的中国西瓜博物馆。庞各庄镇被誉为"中国西瓜第一乡"，自1988年开始，就开始举办"西瓜擂台赛"。哥儿俩找到了曾多次斩获"瓜王"称号的世家瓜农宋绍堂，从老宋的瓜园采购了几百斤糖分含量高、适合酿酒的西瓜做实验。在发酵未结束的时候，将这些西瓜榨汁，和果肉一起投入发酵，最终酿出了这款西瓜啤酒。Kris 和 Alex 带着西瓜啤酒回到庞各庄，端给老宋品尝。老宋十分惊讶，并连连称赞。哥儿俩这才放心，开始正式售卖这款酒。

▲ 京 A 创始人 Kris（右）和 Alex（左） 供图: 京A

　　从那时起，京 A 每年都从老宋这里采购几万斤西瓜。老宋也在他的瓜园支起了几顶遮阳伞，将京 A 的西瓜啤酒搬过来，招待夏天来瓜园体验的游客。除了这款"光膀子"，京 A 每年都会酿一款新的西瓜啤酒。2016年，京 A 将西瓜投入了柏林酸小麦，酿了一款上都西瓜柏林酸小麦。现在，"上都"已经发展出一系列水果增味酸啤酒。除了上都西瓜，还有上都荔枝、上都金橘、上都石榴等。

　　除了"上都"，京 A 还有一个"野"系列，是使用野生酵母发酵的小批量探索计划。每款"野"都用了一种水果（如树莓、蓝莓、油桃、西瓜），有时还会过橡木桶。有两款加了马瑟兰葡萄、分别在霞多丽和赤霞珠酒桶中陈酿的"野"，酸味愉悦，喝起来有杏和桃子以及葡萄的味道，背景中还有轻微的红酒桶味，干爽活泼。

中国语言博大精深，给了京 A 无数可以"玩儿"的空间。浑浊 IPA 发源于美国东北部的新英格兰地区。京 A 有一款双倍浑浊 IPA，就叫做东北 IPA（double 正好和"东北"谐音）。这款酒的酒标就是东北的大花布，和京 A 店内的打酒保温瓶同款。赛松啤酒也叫农舍艾尔（Farmhouse Ale），最初是比利时瓦隆区的农民在冬季酿造的，京 A 的赛松就叫农家乐。有些酒款的名字听起来就像是正在学中文的老外起的，比如一款金色的皮尔森啤酒，叫凸豪金，还有另一款"致敬"青岛的京岛。2021年，国内放开了"三孩政策"，京 A 用三款酒花酿了一款三倍浑浊 IPA，命名为三生酒花。

有些酒款的名字十分红色摇滚，改革开放就是其中之一。这最初是一款酒精度为12%的三倍 IPA，后来变成一款大麦酒，但仍维持了12%的酒精度。十分饱满的酒体，浓郁的焦糖、酒花和木桶风味，毫不掩饰的酒精感……喝上一口，再看到改革开放这个名字，你会立即感叹：原来如此。

好的营销，不仅能让顾客会心一笑，还能在其中传达不可言的态度。前些年，在北京雾霾最严重的时候，京 A 发布了一款 IBU 爆表的双倍 IPA，命名为空气大爆表。当 AQI（空气质量指数）超过200时，这款啤酒八折；AQI 每增加100点，价格就多打一折。当 AQI 爆表（超过500）时就是半价。在"暗无天日"的日子里，京 A 为首都人民提供了未经过滤的快乐。

▶ 进门必点的工人淡艾和老金炸鸡

推荐酒款

工人淡色艾尔

酒精度: 5% ABV

致敬北京工人！这是一款美式淡色艾尔，入口即可感到美式酒花的西柚、柑橘、松针的香气。收口干爽，酒体偏薄，比较适合畅饮。尤其适合工人和打工人在结束工作之后，大口解乏。如果你曾因为喝了瓶装版产生了什么误解，去酒吧喝一杯生啤吧！

空气大爆表双倍 IPA

酒精度: 8.8% ABV

一款极具朋克精神的啤酒，经常在雾霾天卖断货。浓重的柑橘、松针等美式酒花香气，以及一些"硫味"*。麦芽的焦糖味也比较明显。口感圆滑，苦度"爆表"。也许是这几年空气有所改善，现在的"空气大爆表"比我记忆中的温和甜美了一些。

云南咖啡世涛

酒精度: 12% ABV

使用了云南宁洱县咖啡豆、海南可可碎，并在波本桶中陈放3个月。明显的香草和咖啡香气，与深度烘烤及焦糖类麦芽的坚果、焦糖、葡萄干的风味，以及巧克力的味道融合得非常协调。轻微的波本桶味。酒体饱满，口感顺滑、绵密，有一定甜度，咖啡的表现十分立体。

牛啤堂

　　1999年，一位人称"小辫儿"的青年在南锣鼓巷的东棉花胡同租了个小平房。小辫儿的爱好众多，喜欢结交形形色色的朋友。晚上经常约着这些玩户外、写诗、画画、做音乐的朋友们在房间里喝酒吹牛。在多次被邻居投诉之后，他干脆把旁边30多平米的房间租下

---

* 硫味：刺激性的含硫化合物的味道，常见于大量干投马赛克、尼尔森苏维酒花的 IPA 类啤酒。

▲ 小辫儿在西藏骑行

来，花了4000块钱装修，开了一间叫"过客"的酒吧。

"过客"来源于小辫儿从青海入藏的骑行经历。那天，他正在骑车，不经意间的一次抬头，眼神撇到了路边卖羊肉的一个小摊贩，对方恰好也抬头看了他一眼。"那一刻我突然就觉得，人生一世，你总会遇见一些人，你们俩可能只是看了对方一眼，然后擦肩而过，这辈子再也不会有交集，对于彼此就是一个过客。"

过客酒吧刚开业的时候，来的都是小辫儿的朋友。他在吧台上放个纸箱，来了客人就招呼一杯扎啤，客人自己往纸箱里扔钱。盘点的时候，箱子里的钱一向都是只多不少。由于小辫儿爽朗、热情的性格，加上《孤独星球》的报道，过客酒吧逐渐成为世界各地背包客们来北京的"朝圣地"之一。当然，小辫儿也没有被酒吧的生意束缚，在1998年到2006年间完成了7条进藏公路的骑行之旅。在此期间，过客酒吧也见证了南锣鼓巷从传统老街区到游客一条街的变迁。

酒吧的生意蒸蒸日上，小辫儿却开始觉得自己的事业进入了瓶颈期。2004年他就喝到了精酿啤酒，过客酒单上的精酿啤酒也越来越多。2013年，他决定专攻精酿啤酒，和一位叫银海的精酿同好一起

▲ 过客酒吧   ▲ 过客彼时的酒柜

成立了"牛啤堂"。

那时，银海是一位芯片设计工程师，在爱尔兰工作期间接触到了精酿啤酒，回国之后开了个精酿啤酒的博客，后来还出了一本《牛啤经》。他聚集了北京最早的一批精酿爱好者，并在2012年发起成立了北京自酿啤酒协会（一起酿吧），并担任了第一任会长。

"小辫儿"本名金鑫，与银海合作，似乎是命中注定的缘分。一金一银，让牛啤堂好像不赚钱都难，但开第一家门店，还是比预想的要困难。当时国内找不到适合的酿酒设备，金银二位只好从美国进口了一套50升的小设备。从冰柜到酒墙，都是他们亲手设计、组装的。好不容易装好了30多个酒头，客人们却不知道这是什么……他们在门口摆了一个巨大的易拉宝，告诉路人什么是精酿啤酒，如何试每个酒头的酒，如何去冰柜里自助拿瓶装酒。银海还在店里搞了一个酿造教室，教大家酿啤

▲ 牛啤堂创始人小辫儿（左）和银海（右）

酒。有些学员后来还开了自己的酒厂——比如司悦，回到家乡太原后创办了"女神精酿"，如今已成为山西首屈一指的精酿厂牌。

最初几年，牛啤堂酿酒主要是在店里。2015年4月，成都道酿酒厂完成了审批手续，恰好银海也是成都人，赶紧抓住机会在成都建厂，从此开始供应给更多精酿酒吧。

如果说要为中国精酿挑选一款最"破圈"的酒，牛啤堂的帝都海盐不说第一，起码也要排前三。这是一款加入了新世界酒花、海盐以及香菜籽的古斯啤酒，酸咸可口。早年间，酸啤酒并不为中国消费者所接受，甚至还有人在大众点评上吐槽："正经的啤酒商啤酒发酸了都是倒掉的。居然拿出来卖？！"最终，这条点评被更多人吐槽，并将"帝都海盐"送上热搜，成为后来很多人的"入坑酒"。

我们平时喝的 IPA 一般是黄色至棕色的，但是在做家酿时，银海酿过一款黑色的 IPA，也是后来牛啤堂李鬼黑色 IPA 的原型。一般的世涛是黑色的，牛啤堂却推出了非黑记白世涛。一般帝国世涛的口味比较浓烈，让入门爱好者望而却步，牛啤堂的首款帝国世涛是一款添加了草莓、可可豆和香草的草莓马卡龙。一般的小麦啤酒比较强调麦芽和发酵风味，牛啤堂就酿了一款牛壁美式小麦，突出了美式酒花的热带水果香气……总之，牛啤堂偏要推出一些不一样的酒，不断打破大家对精酿啤酒的刻板印象。

当银海忙着出奇酒的时候，小辫儿也没闲着。成立牛啤堂之后，他成了一位彻底的"啤酒疯子"。他发起了"中国特殊啤好者极限啤酒节"，去各国啤酒旅行，推出了《世界啤酒族谱》和《世界特拉普修道院啤酒族谱》，还策划、出品了两季纪录片《随辫儿喝》……

牛啤堂的"金银双煞"，一位理工男，喜欢酿酒，用数据说话；一位艺术家，喜欢喝酒，用审美反驳数据……共同之处是对啤酒的热爱，做"牛啤"的事情。牛比克就是牛啤堂最引以为傲的项目。这是牛啤堂的自然发酵和野菌啤酒系列，取名为牛比克（Niubic），是向兰比克啤酒致敬。早在2014年，牛啤堂还在北京酿酒的时候，银海就买了十几个橡木桶。2015年，牛啤堂成都酒厂建厂之初，在

▲ 小辫儿在世界各地的啤酒旅行

▲ 小辫儿在台湾拍摄《随辫儿喝》第一季

▲ 牛啤堂五棵松店，被小辫儿喝出了一座"世界啤酒瓶博物馆"

1000平米的厂房里划出了300多平米的桶陈间。这让原本就狭小的厂房更显拥挤，但银海觉得一点儿都不后悔，"赚多赚少先不说，先把 X 装够。"

既然叫牛比克，就要酿出中国风味。最初的那批菌落来自多个渠道，包括银海亲自去野外收集的，从进口野菌啤酒中分离、扩培的，商业野生酵母，以及采购的中国本土葡萄酒桶中残留的。经过几年培

▲ 牛啤堂的桶陈车间

育，一些橡木桶中的菌群环境逐渐稳定，现在可以实现纯自然发酵，即在麦汁冷却、接种空气中微生物之后放入橡木桶缓慢发酵，无须人工添加额外的菌种。在发酵过程中，牛啤堂会添加一些水果或干果，如蓝莓、树莓、桑葚、榛子、蔓越莓，甚至从宁夏采摘雷司令葡

▲ 小辫儿在国际啤酒酿造大赛上领奖

萄，当天冷链运到成都，与麦汁混合发酵。从2019年正式对外发售至今，牛比克已斩获了包括世界啤酒大赛（WBA）"世界最佳特种啤酒奖"在内的多个国际奖项。

无论古斯还是兰比克，都是欧洲的传统啤酒。站在欧洲啤酒大赛的领奖台上，小辫儿激动到颤抖。他默默地对自己说："你们演了那么久，现在该轮到中国了。"

推荐酒款

帝都海盐古斯

酒精度：4% ABV

一款创新型的古斯啤酒。除了传统古斯的海盐，还加入了香菜籽，干投了美式酒花。闻起来有新鲜柠檬和柚子的味道，还有一些花香。乳酸感柔和，酸咸可口，回味有一丝面包香气，非常解暑易饮。

凛冬将至**小麦博克**

酒精度：6.8% ABV

浓郁的焦糖、烤面包，伴随一些香蕉和丁香的气息，有一定甜度，收口微酸，入口能感受到一些酒精的温热感，顺滑爽口，冬天暖身最佳。

牛比克桶陈高原苹果酒混酿酸啤（限量款）

酒精度：6.6% ABV

2023年，牛啤堂首次将"牛比克"装玻璃瓶。这款酒酿造时加入了藏区高原的小金苹果，榨汁后发酵，然后和多年桶陈的牛比克基酒混合二次发酵、陈放。野菌啤酒的马厩味明显而不刺激，麦香回口烘托了杏子、苹果的果酸，经过木桶的塑造，柔和而复杂。

北平机器

2012年夏天，李威在微博上搜北京的吃喝玩乐，无意中刷到一个叫"北京自酿啤酒协会"的组织，说可以教人酿啤酒，便怀着好奇心去参加了他们的聚会。聚会上，一伙人在那里分享自己酿的啤酒。李威虽不会酿，但是会喝，他觉得这伙人挺有意思——关键是还可以免费蹭酒，从此时常参加协会的活动。

当时，北京自酿啤酒协会刚成立不久，一共才十几个会员。到了2013年底，创始会长银海开始和小辫儿合伙创办牛啤堂。为了保持协会纯粹的公益性，银海开始物色接班人。被几位会员接连拒绝之后，银海找到了李威。李威是央视农业频道主持人，当时的工作量十分不饱和。由于有大量的空闲时间，李威接下了北京自酿啤酒协会会长的重担。

▲ 李威

当上会长之后，李威开始在协会张罗各种各样的活动，还继续保持了长途旅行的爱好。只不过，他的旅行重心越来越围绕啤酒，直到啤酒成为旅行的唯一目的。对他而言，啤酒旅行更像是寻宝。"和葡萄酒不同，啤酒酿造不受地点的限制。可能在一个农庄，也可能在郊区的地下室，可能在胡同里，也可能在 CBD。"从东京到柏林，从巴塞罗那到波希米亚，都留下了李威探寻酒厂的身影。他还将自己在世界各地的"寻宝"经历写下来，做成了一份《红烧肉指南》。"红烧肉"是他喜欢的乐队，也是他的网名。

和最初玩啤酒的那些人一样，李威也想做些和啤酒相关的事业，但"总缺少临门一脚"。直到一天，家酿培训班的一个学员提到一条"很有感觉"的胡同里有个老厂房，说非常适合开一间精酿酒吧。

这个地方在方家胡同46号院。早在100多年前，这里就有一些小型的机械厂。1949年，改名为"北平机器总厂"，后来又改叫"北京第一机床厂""中国机床总公司"。李威立即被这个胡同工业风的老厂房所震撼，从此有了一个十分具体的目标。念念不忘，必有回响。最终，李威找到了几位朋友，一起将这个厂房改造成了一间精酿酒吧。一楼卖酒，二楼做家酿教室，酒吧名字就叫"北平机器"。

最初，北平机器售卖的是其他厂牌的酒，后来开始代工酿自己的配方。2018年，北平机器在济南建厂。李威认为，酒花类产品是这一轮精酿啤酒浪潮的核心，"自从1972年，新世界第一款酒花卡斯卡特在美国诞生，世界啤酒的核心就从波希米亚转移到了美国。精酿啤酒不光是思想意识的变革，更是技术和原料本身的一个彻底的革新。所以我相信这个东西，它本身的价值在于啤酒花。"因此，北平机器很重视酒花类的啤酒，最有名的产品当数百花深处*。

---

* 由于商标注册问题，如今"百花深处"IPA 已改名"酒花深处"。

▲ 北平机器（方家店）

▲ 北平机器的吧台

这是一款美式西海岸 IPA，名字源自北京新街口附近的百花深处胡同。胡同里有一个"百花录音棚"，不少音乐人都曾在这里追寻过梦想。"不敢在午夜问路，怕走到了百花深处"——陈升的《北京一夜》写的显然就是这里。陈凯歌在2002年还导演过一部《百花深处》微电影，讲述一个老北京请工人到百花深处胡同搬家的奇幻故事。

北平机器会还会使用新上市的酒花品种酿造单一酒花 IPA，即新生酒花系列。不止 IPA，北平机器有一款叫帝都拉格的酒花拉格，既有像 IPA 的酒花香气，同时也保持了拉格啤酒干净、清爽的酒体，十分解渴易饮。

除了啤酒花的灵魂，精酿啤酒的在地性也十分重要。北平机器开发了"国风系列"，在啤酒中融入在地文化、在地口味和在地原材料：用西湖龙井酿了一款明前龙井小麦，用烟台苹果酿了一款胶东西打酒，用同仁堂的烟熏乌梅酿了一款烟熏乌梅艾尔。

除了啤酒，北平机器酒吧的食物也很"在地"——炸带鱼、烤猪蹄、重庆小酥肉、天津小河虾……当然，最有名的要数煎饼了。悠航

▲ 红烧肉煎饼

▲ 北京烤鸭煎饼

的汉堡，北平机器的煎饼，已经传出了精酿圈外。最初主打煎饼并不是因为北平机器的几位合伙人有多爱吃，而是一个基于市场竞争的考量。在世界各地旅行期间，李威看到，在中国不被重视的街头美食，如肉夹馍，早已在发达国家生根发芽。中国下酒菜的数量明显多于西餐，而精酿啤酒又强调在地文化。李威发现了中国街头美食的机会，"汉堡和比萨在中国已经开发到95分了，中国街头美食才20分，还是廉价的，不卫生的，离及格都还远着。"开发中国小吃下酒，在他看来是个再自然不过的选择。

从北平机器营业的第一天起，厨房里就在摊煎饼。李威不相信煎饼比炸鸡汉堡低一等。他用最好的面粉，无菌鸡蛋，还有大块的肉——烤鸭、红烧肉、三文鱼……只有你想不到的，没有北平机器不敢摊在煎饼里的。2020年，北平机器甚至举办了"煎饼节"。次年又邀请了8家天津煎饼"对战"20家北京煎饼。传统的天津煎饼一定得用纯绿豆面，也绝对不允许添加"增味原料"。北平机器致敬纯绿豆面的天津煎饼，酿了一款绿豆沙啤酒。

▲ 2023年第三届北平机器煎饼节

如今，"煎饼节"成为北平机器每年的例行活动。来店里问比萨汉堡的越来越少，慕名来吃煎饼的越来越多。中国的街头小吃和精酿啤酒一道，正在打破大众的刻板印象，成为更多人生活的日常。

🍷 推荐酒款

帝都拉格

酒精度：4.5% ABV

融合了拉格和 IPA 的优点，以干净的淡色拉格啤酒为基础，加入了新世界酒花，既有菠萝、柑橘等热带水果香气，并且保持了轻盈的酒体，较高的碳化程度，适合夏天大口顿顿顿，也非常适合配餐。

明前龙井小麦

酒精度：4.5% ABV

一款干投了明前龙井茶叶的小麦啤酒。闻起来有德式小麦的丁香以及清新的茶香，入口后，茶香迅速占据主导，和淡淡的麦香融合，回味甘醇，尾韵持久。适合细细品味，也可大口畅饮。

百花深处美式 IPA

酒精度：6.5% ABV

突出的柑橘、菠萝等热带水果香气，烤面包、焦糖和带有些许蜂蜜味道的麦芽风味支撑有力，又不喧宾夺主。酒体轻盈，口感顺滑，苦度虽高，还算爽口。

悠航

2004年，老钱（Chandler Jurinka）从美国首都飞到了中国首都，从此定居下来。他当时的房东是个上海老太太，房子比较多。那时手机支付还没有普及。每个月，老钱都要带着现金去房东家里交房租，就这样遇到了同样来排队交租的季春。

老钱记得这个中国姑娘。前两天，他出单元楼门的时候，刚好撞见季春。两人在夕阳下匆匆打了个招呼，没想到这次又见到了。老太太的眼神儿那天尤其不好，数钱比平时还要慢，还重来了好几次，就这样有意无意之间，促成了两人的姻缘。

老钱和季春找到了一个共同爱好：打卡酒吧。约会的时候，他们喜欢到一家酒吧，只喝一杯酒，撸两个串，然后就去下一家。有天晚上，他们差不多去了当时新源里酒吧街上所有的酒吧。从北京到东京、波特兰，大大小小的精酿酒吧里都留下过两人的身影。

2010年，老钱卖掉了自己创办的杂志公司——在这个"快时代"，已经没多少人有耐心读杂志了。虽然有些可惜，但他终于可以做自己喜欢的啤酒了。老钱拉上另一位酒友——当时已经是酿酒师的大牛（Daniel），筹备一个精酿品牌。有一首20世纪40年代的美国歌曲《On A Slow Boat to China》（驶向中国的慢船）。老钱夫妻俩特别喜欢其中"慢船"的寓意，但读起来不太顺口。于是，季春将"慢船"化为"悠航"，与老钱的中间名"约翰"谐音，简直是信达雅的典范。

2011年，悠航开始在北京郊区的一个村子里酿酒。当时，经常"一人酿酒，全村跳闸"。刚开始，村长会气冲冲地来理论。然而，一根烟，两杯酒过后，村长就舒舒服服地回家了。后来，村长和村民们也爱上了精酿啤酒，时常会带着热水瓶来打酒喝，和大牛及其他酿酒师们打成一片，好不快活。

2012年，悠航在东四八条深处开了第一家店。门店是整个胡同当时唯一的餐饮店。为了不扰民，悠航在装修时对天花板和墙壁都做了隔音，还装了一个很沉的木

▲ 老钱和季春

门。这等隐蔽，有时连常客都会错过。从外面看，这里和周围的民居没什么不同，当木门拉开，里面是一个快乐的世界。店面很小，8张桌子都紧挨着，想不偷听旁桌人说话都难。一两杯啤酒下肚，大家也就熟悉了，在这座大城市便也多了几个朋友。2017年，这家给无数打工人带来温暖与美好回忆的小店，在整治"开墙打洞"中结束了营业。

▲ 曾经的悠航东四八条胡同店大门

现在的悠航已经在北京开了5家门店。一提到悠航，很多人的第一反应是汉堡。悠航被公认为是"精酿店里汉堡最好吃的""汉堡店里精酿最好喝的"。悠航有一个"薯条汉堡"，上层是香脆的啤酒薯条，下层是多汁牛肉饼，咬下去脆、辣、爽，幸福指数立刻拉满。悠航专门为做薯条研发了一款啤酒，光是做薯条每个月都要消耗几吨酒。还有一款"老泰泰"汉堡，里面夹了牛肉饼、泰式烤菠萝，还有花生

▲ 木门后的快乐世界

▲ 2012年，悠航在原北京继电器厂开了3个月的快闪店

酱。这个名字是老钱起的——或许在致敬当年的房东老太太？

悠航现有200人左右的团队，其中有1/3在厨房工作。据统计，1/3的客人来悠航只吃汉堡，不喝酒，但这并不意味着悠航的酒不好喝。"如果大家觉得我们的汉堡比酒好，这说明我们可能有地球上最好吃的汉堡。"在过去几年，悠航的酿酒团队平均每年推出50多款啤酒。每次来悠航，总能喝到点儿不一样的。

▲ 悠航的汉堡

　　一般来说，佐餐的酒水会清淡一些，但悠航很多酒款的度数在对应风格中反而是偏高的。即使是传统风格的酒里面，悠航也会"微创新"，比如在比利时小麦中加入柠檬草；一般增味原料是在煮沸或发酵阶段加入的，但悠航有一款森林 IPA，是用杜松树枝直接浸泡水来酿造的。

　　悠航也喜欢探索中国风味的啤酒。悠航曾经召集全店员工一起剥梅子，用云南青梅、山楂、甘草和洛神花酿了一款花为梅酸梅汤赛松。四川三料是悠航对比利时三料啤酒的本土化演绎——加入四川红糖和青花椒，在三料啤酒原有的丁香、柑橘香气的基础上，增添了青花椒的清香和麻辣口感。

　　始于汉堡，囿于啤酒。有不少对精酿啤酒没什么了解的客人，为了吃汉堡来到悠航，不经意间迈入了精酿啤酒的大门。产品还是营销，生意还是情怀，汉堡还是精酿，这些都是"非黑即白"的二元思维。二元论对于理解这个世界有时显得"高效"，但更多时候不免过于简单粗暴了一些，甚至容易滑向危险的结论。让更多人爱上啤酒，悠航找到了自己的方式。

🍷 **推荐酒款**

风林火山 **森林 IPA**

酒精度：6% ABV

酿造时加入了来自大兴安岭的杜松树枝、松针和松果。干投的奇努克和世纪酒花，进一步将松针的气息融入酒体。自始至终都能品味到松针、松木的香气，圆滑而不刺鼻，伴随一些花香、西柚、烤面包香，酒体中度偏轻，连炫两杯也毫无压力。

蜜桃&金银花 **硬苏打**

酒精度：4.5% ABV

悠航的硬苏打中的酒精都是酒厂自己发酵（而非食用酒精稀释）的，且大多选用一款水果和一种花组合出不同风味。这款"蜜桃&金银花"，如同发酵后的桃汁，鲜爽多汁。虽然还原出了蜜桃风味，甜味却比较低，也没什么香精感，是一款简单直接的酒精气泡饮，不会让人有任何挫败感。

赤耳

每个人都有面红耳赤的瞬间——遇见一个心动的人（也可能是一个难缠的同事），看到壮丽的美景，或走进一家宝藏酒吧。在北京，一个经常脸红的团队，创立了"赤耳"品牌。

赤耳的创始人山山、陈镱，以及已经退出的酿酒师张亮，都是很腼腆的人。三人来自不同背景——山山曾在大厂做销售，陈镱出身广告公司，张亮则是杂志社的摄影记者。2016年，三个爱喝啤酒的人不约而同在北京朝阳区选址、装修，开精酿酒吧，并在这个过程中相识。后来，三家酒吧又都因为经营不善，被迫歇业或转让。

经过这番折腾，他们对开店产生了敬畏之心，但仍想在精酿行业做点儿什么。2020年，赤耳诞生。

炎炎夏日里，没有什么比一根绿豆棒冰更解暑的了——如果有，那就是绿豆啤酒。2019年，赤耳诞生的前一年，他们就开始研发一

▲ 赤耳的玩具手枪开瓶器　　　　▲ 绿豆啤酒

款后来成为赤耳成名作的绿豆淡色艾尔。这款酒勾起了很多人的童年回忆，也给了赤耳"玩豆"的信心，并在随后几年陆续推出了绿豆黑啤（世涛）、绿豆糕比利时小麦、绿豆奶昔艾尔，还有无酒精的绿豆气泡水。绿豆代表了赤耳对中国风味的探索，因此赤耳现在也被称为"豆厂"。

　　陈镱喝酒容易脸红，酒量也接近精酿行业的底线——一杯"绿豆"就能睡着。他为自己定制了一款添加了橙汁和百香果汁、酒精度只有4%的点到为止古斯。山山的酒量略胜一筹，所以他的酒是一款酒精浓度为7.7%的忧伤的老板双倍 IPA。

　　山山在开店的时候遇到过一个年轻的客人。小伙子来的频率不高，但每次都是一个人，而且每次只喝两杯。山山很好奇，问了才知道，他虽然很喜欢精酿啤酒和店里的氛围，但是因为刚毕业不久，每个月的工资，房租就用掉了大半……山山深受触动。从那时起，"畅饮"对他而言不只是酒的味道，他希望做一个年轻人喝得起的品牌。

　　酒不能解决任何问题，但能带来片刻愉悦，面红耳赤之后，我们可以继续纵情向前。"酒精饮料是一个情感的载体，赋予它东西和不赋予它东西，大家在消费它的时候感受是真的不一样。和人一样，品牌的维度越来越丰富，你才有继续跟它交往欲望。"陈镱经常开发一些颇有新意的周边，例如将酒款名制作成一套麻将牌，将开瓶器做成玩具手枪……陈镱是越野跑爱好者，赤耳赞助了宁海越野挑战赛，每年还和户外品牌推出一款关于"全球攀岩日"的联名产品，将啤酒带向了更多户外场景。

推荐酒款

绿豆奶昔艾尔

酒精度：4.1% ABV

扑面而来的绿豆沙香气，和谷物的香甜感完美融合。除了绿豆粉，还加入了椰浆、香草荚和椰子片，让口感更加圆滑，收口还很干净。赤耳"玩豆"无数，这款算是集大成之作。

◀ 绿豆奶昔

忧伤的老板双倍 IPA

酒精度：7.7% ABV

暗金色的酒体轻盈、干净；突出的柑橘和西柚香气，回苦绵长——就是做老板的感觉。

◀ 忧伤的老板

呼和浩特

大九

"就是不喜欢啤酒的味道"——我身边也有一些自称不喝啤酒的朋友。每当这时，我都会问："你喜欢什么水果?"然后为其倒上一杯对应水果风味的啤酒。目前，凡是经过我如此诊断的朋友，对啤酒

▲ 大九创始人李宇幸

▲ 大九"全家福"

"路转粉"的转化率是100%。

几乎每个精酿厂牌都会推出自己的水果增味啤酒，大九酿造就是其中的佼佼者。这家来自呼和浩特的厂牌，专注于水果酸啤酒，酿造水准十分之高，以至于被精酿爱好者称为"果汁厂"。

对于这个称号，大九创始人李宇幸（小宇）觉得挺正常，"如果说一个厂牌连自己的'标签'都没有，那其实说明他们也没有什么有影响力的产品。"话虽如此，每次和小宇聊天，总能感觉到他内心透露出一丝不服气。

2017年刚建厂的时候，小宇并没有酿水果啤酒。"大九"的名字取自呼和浩特大召寺山门二匾"大召无量寺"和"九边第一泉"的首字。作为一家内蒙古厂牌，大九在早期推出了一些在名字或风味上体现内蒙古特色的酒款，比如无量美式小麦（大九第一款产品），还有草原小麦烈酒。后来，由于浑浊 IPA 在国内的流行，大九开始推出玉泉奶昔 IPA、浑玉浑浊 IPA 等产品。不过，大九的"浑浊之路"并不顺利，有时会有酒花辛辣感、"浑浊（IPA）不浑"的问题。虽然这些问题都可以通过工艺调整来改进，但小宇逐渐意识到，由于国内没有高端的、新鲜的酒花，酿 IPA 势必存在先天的劣势，"酿出来的酒就是要比他们（国外顶尖酒厂）差半截的"。

既然先天缺陷无法弥补，那就不妨换个方向。啤酒的基础原料中，除去水对风味的微妙影响，麦芽、酵母和酒花构成了一个三角结构。好的啤酒需要三者平衡，才能形成一个稳定的三角结构。小宇发现，麦芽风味、发酵风味以及酒花风味主导的啤酒依次在国内掀起了热潮。他认为这是一个循序渐进的过程，酒花之后的"升维"就是酸化，酸啤酒是精酿下一个发展方向。酸啤酒又分为以乳酸菌锅内酸化为主的可控酸化和不那么可控酸化（野菌啤酒）。由于酒厂条件不够成熟，只能进行锅内酸化。但是乳酸菌酸化的麦汁风味比较单调。为了赋予啤酒更多风味，添加果汁是非常自然的选择。小宇觉得，中国精酿市场还处于基础阶段，会在很长的一段时间内和水果相伴，因为水果类型的啤酒"最容易上手"。就这样，麦芽、酵母和酒花的"三角形"，加入酸和水果之后，就形成了新的"五边形"。

一些爱好者会将水果味比较重的啤酒戏称为"小甜水"，小宇并不认同这个叫法。确实，有些水果啤酒比较甜，但好的水果啤酒绝对不止"怼果汁"这么简单——水果啤酒也可以很"高级"。热带共和是大九转型之后第一款产品，这款酒以古斯啤酒为基底，又加入了西柚、柠檬和百香果汁，还有一点点肉桂。肉桂的味道并不重，却将各种果汁和古斯啤酒本来的风味融合了起来，喝起来不会有分层的割裂感。香料经常被大九用来画龙点睛。大九的另一款无序酸浑浊 IPA，酸橙、柠檬、金橘的果汁感十足，回温后还有夏洛酒花的香气，以及恰到好处的苦度。其中也用到了一些神秘的香料，小宇不肯透露更多，大家喝到的时候可以好好品一品。

2022 年，大九的西柚世界 IPA 获得了啤酒世界杯（World Beer Cup）的铜牌。这是世界上含金量最高的啤酒赛事。热带共和、无序和西柚世界确立了大九"果汁厂"的江湖地位。虽然卖得好，但是将大部分产能用于生产这几款酒，也在一定程度上限制了新酒的开发进度。2023年，小宇回到家乡太原，建了一座新工厂，彻底解决了产能问题。中国的精酿酒厂规模目前普遍在年产几百吨，超过1000吨的寥寥无几。大九的太原新厂拥有2400吨产能。更高的产能，带来了更多可能性。新厂投产之后，大九酿了一款劝酒果子古斯啤酒，在全国1000家精酿酒吧首发，据说创造了精酿啤酒单品首发酒吧数量的世界纪录。

1000家酒吧，意味着要酿造至少20吨啤酒。大九测试了大半年的时间。除了产品研发和酿造，这次千店首发也考验了大九的销售、物流和宣发能力。根据规划，太原新厂专注生产经典酒款，老厂（呼和浩特工厂）将把重点放在新品研发。最初走上"酸水果"之路，可以说是无奈之举。现在，小宇想再次挑战 IPA，开启新的酒花系列，也想要驾驭麦芽，酿出名副其实的"大酒"世涛……水果之外，大九能否给我们带来持续的惊喜？我们拭目以待。

🍷 推荐酒款

无序酸浑浊 IPA
酒精度: 5.2% ABV

金橘、柠檬、橙子香气明显，稍带芒果和柚子气息。入口即是丰富的柑橘类水果味道，微涩但不过分，结合酒花的苦味，更加突出了柑橘类水果果皮的香气。酸度适中，水果风味错落有致，又融为一体，收口还是 IPA 的味道，是我心目中水果酸 IPA 的标杆。

西柚世界社交 IPA
酒精度: 4.3% ABV

甜美的西柚、柑橘的酒花香气，融入了西柚原本的酸味，残糖恰好平衡了柚子皮的苦味。一口下去，果然进入了西柚的世界！

▲ 西柚世界

沈阳

电车头

2014年，万朋（朋哥）还在卖白酒和葡萄酒。他听说朋友自己在家酿啤酒，便抱着好奇的心态加了一个沈阳本地的家酿群。在群里，他结识了形形色色的职业，有老师、律师、银行职员……大家共同的爱好就是家酿啤酒。这些人的生活是他平时接触不到的。参加了几次线下酒局，万朋学习了家酿技术，又和这群人交了朋友。从纯粹的兴趣爱好开始，他逐渐成为一名"吉普赛酿酒师"——到全国各地酒吧流浪、酿酒。

朋哥享受"在路上"的生活，但一出差就是几个月，家里总让他牵挂。2017年，为了照顾家庭，朋哥回到沈阳，在妻子妍姐的支持下成立了自己的厂牌"电车头"。

20世纪初，沈阳就有了电气化铁路，电车代表了东北的老工业时代印记。"东北不止有烧烤、直播和二人转"，朋哥希望通过电车头的啤酒，让更多人了解真实的东北。

我十分支持朋哥为消除地域偏见所做的努力，但电车头的酒确实够"硬"。和很多立志"易饮"的厂牌不同，电车头啤酒普遍酒精度偏高。这并不是因为"东北人能喝"，而是因为高酒精含量让啤酒的冰点更低，在冬天发货不会结冰。在

▲ 万朋在酒厂工作

"小甜水"越来越流行的今天,朋哥坚持做麦芽和酒花类的酒。他认为,精酿啤酒不只是年轻人喝的,同时也应该满足上了岁数的人。或许是对"老雪"(沈阳产雪花啤酒)根深蒂固的偏爱,坐标沈阳的大龄酒友往往更容易接受"啤酒味"的啤酒。

朋哥的父亲是一名炼钢工人。过去,他不理解为什么父亲下了班总要醉醺醺地回家,和父亲的关系一直很紧张。直到成家立业,自己成了父亲之后,他才体会到父亲的不容易,"工人在炼钢的时候,虽然穿着护具,但也是很危险的。每天下班都像捡了一条命回来一样……"现在,朋哥的父亲得了脑血栓,彻底告别了白酒。他为父亲酿了一款酒花拉格,命名为炼钢工人。

虽然以"硬核"酒款为主,但朋哥偶尔也会酿一些水果啤酒。小时候,他家附近有一条小路,路边有野生的山楂树(本地人叫"山里红")。每到山楂成熟的季节,他都要和小伙伴一起爬上树摘山楂,回家拌上白糖,那是他童年记忆中最幸福的时刻。2000年前后,那条路和山楂树一并消失了,取而代之的是一片钢筋混凝土大楼。朋哥很怀念小时候的味道,就用山里红和胡萝卜酿了一款果蔬汁酸艾尔,命名为遗失的小路。

喝酒不能没有下酒菜。伴随20世纪90年代末的"下岗潮",油多、肉少(不胀肚)、便宜的鸡架,逐渐征服了沈阳人的味蕾,成为工人阶级最爱的下酒菜。熏鸡架、煮鸡架、卤鸡架、拌鸡架、炸鸡架、炒鸡架、铁板鸡架……每次看到朋哥"夜跑"之后啃鸡架的照片,我们这些外地酒友总要隔着屏幕流口水,后来,在我们的多次"劝导"下,朋哥终于开始背着鸡架来到外地办活动。

伴随着电车的汽笛声,一阵浓烟飘过。一口熏鸡架,一口冰啤酒,电车头正载着朋哥对家乡的记忆,向我们驶来。

🍷 推荐酒款

铁锈地带英式苦啤

酒精度: 5.2% ABV

英式苦啤已经很小众了，而这又是一款特别的英式苦啤。采用
了单一西楚酒花，有非常强的柑橘类水果酯香。苦度也较高，
麦芽的面包味在背景中若隐若现。碳化度高，收口干爽。与其
说是英式苦啤，不如说是一款英式金色艾尔（英式金色艾尔也
被称作"金色苦啤"）。

遗失的小路果蔬酸艾尔

酒精度: 5.4% ABV

一款用野山楂酿的酸艾尔，还添加了些胡萝卜。酸甜平衡，山
楂风味十足，是山楂爱好者不能错过的一款酒。

▲ 铁锈地带

▲ 遗失的小路

西安

勿幕

　　在所有的啤酒中，自然发酵啤酒可能是技术门槛和成本最高的一
类了。国内深入研究自然发酵的酿酒师还比较少，西安勿幕的果冻
（邢斌）就是其中之一。

　　2013年，果冻在牛啤堂第一次喝到精酿啤酒，觉得很神奇，便忍
不住开始研究。之所以对自然发酵（野菌）啤酒尤其感兴趣，"纯粹是
因为野菌啤酒不好做"。直到今天，果冻仍然是我知道的唯一拒绝承认
自己热爱啤酒的精酿厂牌主理人。

　　果冻出身医生世家，被父亲引导上了学医之路，大学毕业后成为
一名肾内科大夫。但仅仅工作了一年多，他就决定结束医学生涯。

▲ 开民宿时期的果冻

果冻是个"不信邪"的人，凡事总喜欢去研究个底层逻辑。"这事儿应该没有那么难吧"是他常挂在嘴边的话。从家里搬出来后，果冻先是在一家青年旅社做义工，后来开了自己的青年旅社。他淘了点儿旧沙发和小音响，在旅社楼顶晒被子的玻璃房开了个民谣小酒馆。因为没钱请驻场歌手，小酒馆经常被吐槽音乐太差。一天中午，果冻去找朋友借了把吉他，研究了一下午，当晚就开始表演了。

经常，果冻唱着唱着就把自己唱哭了。当时的果冻自己看店，自己调酒，自己服务，自己收银，陪客人一起哭、一起笑。客人走了，他自己打扫完卫生，然后，"看什么顺眼随意怼一起"，给自己调杯"鸡尾酒"。一边算当天的账目，一边回忆着刚才来往的客人、唱过的歌。几杯酒下肚，不知不觉就睡着了，直到第二天被透过玻璃房的耀眼阳光晒醒。

在此期间，果冻开始酿啤酒，一晃十几年过去了，也有了"勿幕"品牌。虽然三层的布局对经营造成了很大麻烦，但果冻"对这个地儿实在太有感情了"。经过重新装修，小酒馆仍然在这里——西安南面城墙的"勿幕门"旁边。

果冻学的是中西医结合专业。酿啤酒时，他的兴趣也是"中西结合"，探索将本地特色原料与传统发酵工艺相结合的酿造方式。他一边研究各种各样的酵母、细菌和新型发酵技术，一边搜集中国各地物产，比如临潼的石榴、贺兰山的雷司令葡萄、山东的红皮梨、陕西周至的黑布林等，加入到啤酒尤其是过桶野菌啤酒的酿造过程中。除了简单的增味，果冻更希望在微生物的层面研究这些物产在啤酒酿造中的作用，使其能够深入参与到发酵过程中。2023年初，果冻酿了一款"冬季·金花塞松"，使用了陕西泾阳县产茯茶上面的金花菌，使其比普通赛松在发酵时产生了更多酯类物质（更复杂的香气），甚至还化验出了"角鲨烯"——有助于抗氧化、提高免疫力的一种营养物质。

如果你在精酿啤酒节上看到一堆人围住了某个摊位，大概率是在等果冻开酒——要么就是在听楚门打快板。由于产量及政策原因，勿幕的野菌啤酒目前只在自己店里售卖。在这家充满烟火气的小酒馆听听民谣，试试果冻最近在研究的酒，或许是你下一次西安之行的理由。

▲ 勿幕酒吧里的橡木桶

🍷 推荐酒款

小青瓜科隆

酒精度：5% ABV

在酿造过程中多次投放的小青瓜，据说就采购于勿幕酒吧旁边的小南门早市。有清新自然的青瓜香气。发酵干净，残糖较低，非常易饮。

椰蓉面包香橙奶昔酸艾尔

酒精度：5.8% ABV

添加了马达加斯加香草荚、橙汁、椰汁，闻起来像一只椰蓉面包，喝起来像一杯椰奶鲜橙汁。香气浓郁有层次，酸甜平衡，口感顺滑。

▲ 椰蓉面包香橙奶昔酸艾尔

秦人造

第一次看到"秦人造"是在2022年的CBCE（亚洲国际精酿啤酒会议暨展览会）期间。大大的兵马俑头像logo，一看就是来自西安的厂牌。本以为秦人造的酒会更加厚重一些，但喝了之后发现，每款酒都十分干净、易饮，穿插着一些中式茶饮的表达，非常惊艳。

虽然厂牌才刚成立不久，但吕哲已经做了好几年酿酒师了。上大学的时候，吕哲就同学王思淇的出租屋里一起用锅碗瓢盆玩家酿。两人一起玩儿乐队，一起考BJCP。毕业之后，土思淇开了一个设计工作室，经常为精酿厂牌做设计。吕哲来到了西安，在某军工企业找到了一份软件工程师的工作，工作之余在自酿酒吧兼职酿酒，赚点外快。正是在兼职的酒吧，他遇到了后来成为合伙人的毛鹏。

当时，毛鹏已经结束了作为建筑设计师的职业生涯，开了自己的自酿酒吧。由于缺乏酿酒经验，第一家店经营了不到10个月就以惨败告终。后来，毛鹏调整经营策略，开了专卖客座啤酒的"唐"Taproom，生意还算不错，但他的酿酒梦想一直没有熄灭。2020年底，在一次通宵大酒之后，毛鹏终于说动了吕哲，秦人造就这样成立了。

▲ 毛鹏（左）和吕哲（右）设计：王思淇

吕哲很喜欢纯粹的发酵风味，先是酿了一款赛松，作为秦人造的首秀之作，又酿了一系列的传统型啤酒，包括英式IPA、慕尼黑清亮和深色博克。然而，这些未经增味的酒款并不讨喜，卖起来很费劲。有一次，吕哲酿了300升的英式苦啤，最后有一半都是哥儿俩自己喝掉了。

他们终于意识到，不能太任性！无论是从口味还是价格，小麦啤酒都比较平易近人。为了拥抱市场，2021年，秦人造酿了好多不同类型的小麦啤酒。忙活一整年，卖出去不少，但也没挣到什么钱，酿起酒来也"越来越没意思"。

他们发现自己矫枉过正了——还是要酿自己喜欢喝的啤酒，同时尽量兼顾到市场需求。吕哲本来就喜欢喝茶，看到这两年中式茶饮市场也比较火，就开始研究茶叶和啤酒的各种跨界，推出了几款不错的产品。他们依旧继续做传统型啤酒，但尽量提高易饮性，让从"小甜水"入门的爱好者们平稳过渡。经过这次策略调整，秦人造终于走上了正轨，受到了越来越多精酿酒吧和爱好者们的关注，成为西安厂牌中的后起之秀。

🍷 推荐酒款

老吕茶铺**香水柠檬乌龙茶啤酒**
酒精度：6% ABV

一款借鉴了鸡尾酒和广式茶饮的啤酒。加入了香水柠檬、香茅草，以及低温萃取的闽南乌龙茶。有非常突出的柠檬、草本、香料的香气，酸爽清新，收口带有轻微的茶叶涩口感，同时表现了啤酒和茶的特点。

等海听浪**椰香凤梨铁观音酸艾尔**
酒精度：5% ABV

加入了闽南凤梨汁、椰汁、椰蓉和烤椰子片，并干投了清香型铁观音茶。闻起来椰香扑鼻。铁观音原有的花香和奶香与椰子和凤梨汁配合得恰到好处。酸度柔和，甜美，清新的茶叶风味让收口更加干净。

天津

青门精酿

沈立斌高中时喜欢打篮球，队服是43号，就有了"四三"的外号，这也是他如今在中国精酿界被人熟知的名字。

除了喜欢篮球，四三还是一位文艺青年。可能是由于某个文艺作品埋下的种子，少年时的四三就觉得酿酒是件非常艺术的事。有些艺术形式和普通人的距离比较远，但酒是普罗大众的东西。他觉得酿酒师很有魅力，成为一名酿酒师的理想从高中就开始了。填大学志愿的时候，四三报了发酵工程专业。本科毕业之后，他顺利拿到澳洲著名葡萄酒产区阿德莱德一所大学的硕士录取通知书，准备去学葡萄酒。

距离开学还有半年时间，当时也不是葡萄采摘的季节，没有葡萄酒相关的工作机会。为了打发时间，四三在天津的一家捷克啤酒餐厅找到一份啤酒酿造助理的工作。当时的酿酒师是一位捷克老大爷。除了在店里喝，老爷子也会在工作结束后带他去当时的进口瓶子店喝比利时和美国精酿。慢慢地，四三发现啤酒不受原材料、时间和空间束缚，"人为的可能性更高，好像比葡萄酒要有趣一些"。半年后，四三决定放弃读葡萄酒的研究生机会，开始酿啤酒。

虽然身在天津，但四三是杭州人。杭州西湖南边的"满觉陇"，每到秋天，山路两边数千株桂花竞相开放。露水重的时候，花瓣随风飘落，密如雨珠，因此得名"满陇桂雨"。在天津思乡心切的四三，酿了一款满陇桂雨赛松。当时，四三还没开始钻研啤酒风格，创作起来反而少了些桎梏。他用了香槟

▲ 四三

酵母，加入了小麦芽和裸麦芽（黑麦芽），最重要的是投入了大量的桂花，并使用云南桂花蜜进行了二次发酵。最终啤酒呈现出充沛的桂花、蜂蜜以及水果的酯香，易饮又不失个性。

"满陇桂雨"备受身边朋友的好评，四三便有了创业的想法。2014年，四三正式开启商业酿造，并与大学好友一起创立了青门（East Gate）。青门是古长安城的东门，附近是昔日大唐的繁华商业区，亦为酒肆集中之地。在天津这个港口城市，四三希望将西方酿酒理念与东方的原料和审美结合，打开东方的大门。

青门成立之初，国内并没有多少精酿酒吧，也就没有多少对精酿啤酒的采购需求。四三一边"佛系"酿酒，一边钻研 BJCP 的啤酒风格知识，最终高分通过了考试，成为目前中国两位 BJCP 国家级裁判之一。四三开始担任国内各大啤酒大赛的裁判长，同时开设了啤酒品评和酿造培训，陆续培训了几十名学员。第一位学员叫邢磊，后来成立了现在天津与青门齐名的另一扇门——楚门。

"自从学了 BJCP，再也酿不出像'满陇桂雨'、铁观音拉格那样说不出风格的酒了。"在学习 BJCP 啤酒风格之前，四三酿酒没有条条框框，创作起来天马行空。成为 BJCP 裁判之后，四三也会不自觉地受到啤酒风格分类的影响，总想着酿"标准"。当然，更多的时候，学习 BJCP 还是对酿酒有帮助的。"各种啤酒风格相当于一个火药库，而酿酒灵感像是子弹，有了子弹之后，在火药库里就能快速匹配到合适的枪。"

能够传承下来的经典风格，势必是有一定道理的。现在的四三不再"瞎拼"，而变得更加脚踏实地，"站在巨人的肩膀上去创新"。他更快速、稳定地试验新酒，把酒做得更干净、准确。在2021年的中国国际啤酒挑战赛（CBC），青门斩获了12块奖牌，包括3枚类别中的最高奖，震惊业界。

最初几年，青门没有一款 IPA。四三其实挺喜欢喝 IPA，但他觉得和外国厂牌相比，中国精酿厂牌在酒花供应上有不可逾越的鸿沟，因此，为了和进口酒抗衡，应该酿一些多使用本土原料的酒。直到

2020年，由于实在顶不住市场压力，青门才开始酿 IPA。

生物转化，指的是生物体对化合物进行的化学修改。在酿酒中，酵母通过食用可发酵糖产生酒精的过程就是生物转化的过程。通过人为设计酵母对酒花的生物转化，就能够使啤酒获得更丰富、精准的香气。为了弥补酒花的不足，青门开始研究生物转化，并推出了生物转化·松针、生物转化·芒果，成为一个 IPA 的产品系列。

模块化的创作和命名思路，是青门的一大特色。因为觉得"弗兰肯斯坦"*这种"拼拼凑凑"的感觉很适合承载精酿啤酒各种各样的增味，青门从一款弗兰克斯坦的奥利奥（一款添加了奥利奥饼干的牛奶世涛）开始，陆续推出了弗兰克斯坦的樱桃派（额外添加樱桃果酱、香草和可可碎）、老弗兰克斯坦的白酒坛（在牛奶世涛基酒中添加酱香白酒和云南小粒咖啡豆）。在每一款"弗兰肯斯坦"系列产品的海报中，人物的某个部位都替换成了对应的增味原料，虽然有些偷懒的嫌疑，但确实营造出了系列感。

除了 IPA 和世涛系列，青门还有一个"莱比锡手中的"酸啤酒系列。这个系列的基酒都是古斯，从18世纪起就流行于德国的莱比

▲ 弗兰肯斯坦的厚椰拿铁　　▲ 弗兰克斯坦的奥利奥　　▲ 老弗兰克斯坦的白酒坛

---

* 《弗兰肯斯坦》是英国作家玛丽·雪莱在1818年创作的长篇小说。小说主角是一个热衷于探索生命起源的生物学家，他用人的尸体的各个部分拼凑出一个怪物。

▲ 青门酒吧

锡地区。莱比锡手中的百香果添加了百香果、芒果和香草荚；莱比锡手中的咖啡添加了耶加雪啡咖啡豆；莱比锡手中的双倍坦桑尼亚则添加优酪和咖啡豆等。

2021年，曾经"怕开店"的四三，终于开了青门第一家门店，似乎"一下就找到感觉了"。对于精酿厂牌而言，有了自己的门店，品牌形象就更加丰满，也可以和客人直接沟通，获得产品反馈。现在，青门已经开了两家酒吧，甚至还有一家咖啡馆。酿了曾经不敢酿的IPA，开了曾经嫌麻烦的门店，四三觉得，自己仍然在"了解外界—认识自我—对外综合表达"的循环之中。

🍷 推荐酒款

满陇桂雨赛松
酒精度：6.8% ABV

香槟酵母，小麦芽和裸麦芽，并在二次发酵中干投了桂花和云南的桂花蜜。有清新的桂花香气。入口之后，微微的蜂蜜、谷物、面包的麦香和淡淡的果酸依次展开，仿佛在品尝一款中式甜点，清爽而不甜腻，个性又不失克制。这款十分体现中式审美的酒，四三称之为"法式甜赛松"。

满饮此杯铁观音增味德式拉格
酒精度：5% ABV

麦芽的面包、蜂蜜香气和铁观音的花香交织，口感顺滑、干爽。收口的茶感恰到好处，简单，平衡、易饮。

楚门津酿

2015年5月，邢磊从天津出发，"寻找将生命之锚抛向的地方"。他花了大半年时间，跑遍了除东北三省和港澳台地区以外中国的所有省区市，最后来到黄山脚下的宏村。临走之前，民宿老板送了他一瓶自己酿的啤酒。邢磊几乎不喝酒，对酒精也没什么好感，但得知啤酒还能自己酿，顿时来了兴趣，便央求老板带着自己酿了一锅，从此一发不可收拾。

邢磊原本是一位婚庆公司老板，曾经1年要办1400场婚礼。彼时的婚庆行业是"一流销售，二流服务，三流产品"。据邢磊自己说，他培养出的销售团队几乎可以让每个来咨询的客户交定金。虽然很赚钱，但低买高卖的"二道贩子"生意模式让他觉得心里很拧巴。尤其想到即将出生的孩子有一天会被人问到爸爸的职业，他觉得，是时候做点儿"创造价值"的事情了，"最好和之前的反着来，一流产品，二流服务，三流销售"。

回天津后，邢磊从锅碗瓢盆开始，逐渐升级了专业的家酿设备。他还觉得不过瘾，就在大悲院附近租了两个房间，安装了一套小型商

▲ 邢磊

◀ 楚门在天津
的酒厂

酿设备。前面卖着，后面酿着，这便是"楚门津酿"的雏形。

最初，邢磊只是想酿酒，到了开始卖酒，不得不去注册公司的时候，想了几个名字都过不了，着急酿酒的他，随口说了刚看完的电影《楚门的世界》，结果就通过了。但这个故事总会让兴致勃勃的酒客们失望，以为老板不想好好聊天。后来，为了照顾酒客的感受，他也会现场编些"品牌故事"，酒客听了满意而归，也会多买几杯酒，各取所需，岂不乐哉。

邢磊自称是一位没有天赋，但十分努力的酿酒师。2016年，在决定将自己的生命之锚抛向麦芽、酒花、酵母和水之后，邢磊共酿了150多个批次的酒，平均每天睡4个小时。醒着的时候，他要么在酿酒，要么在清洗设备。

作为一个天津厂牌，楚门被公认为是中国——应该也是全世界——最会打快板的精酿厂牌。每次啤酒节上，听到快板贯口，闻声而去，一定能找到楚门的摊位。专业的相声演员从小就要背段子，练基本功。邢磊觉得"这和酿酒挺通的，我们开始一定要先练贯口，把所有的基础打好了，再去舞台上表演"。

基础打得好，自然容易出成绩。2022年，入迷巧克力牛奶世涛获得了世界啤酒杯银奖。"守正出奇"，是邢磊挂在嘴边的一个词。酿好基础酒款之后，楚门也并不拒绝酿一些"小甜水"。紫日西打，就是苹果汁加了覆盆子等水果混合发酵的一款酸酸甜甜的西打酒。投入大量血橙汁的屠橙帝国古斯，橙子、西柚风味十足——喝的时候一定要小心，酒精度可有10%（2022年出了2.0版本，将酒精度降到了6%）。

这不是楚门第一次在酒精度上开玩笑。2016年，还在做家酿的时候，邢磊突发奇想，能不能酿一款超高度数的酒，但又不往麦汁里加糖？于是，他把麦汁煮了四五个小时（一般熬煮时间不超过1.5小时），水蒸发之后，麦汁浓度就提高了，最后酿出了十几度的"西楚霸王"帝国IPA。经过多次调整，现在的"西楚霸王"酒精度足有14.2%。因为没人喜欢清理厕所、送人回家，所以这款酒在酒吧老板中并不讨喜，但在精酿爱好者群体中逐渐成了传奇，很多不信邪的人都在这款酒上栽过跟头。

现在，楚门已经在天津开了七家门店，还在北京、济南、成都、武汉、杭州和广州各开了一家，并在福建收购了一家酒厂。虽然酒和生意都做得不错，邢磊也变成了"邢老师""邢老板"，但他最喜欢被称作"邢师傅"。"就像这条街上老李的烧饼比较好吃，我们就去买老李的烧饼，老王的面条比较好吃，张姐的煎饼果子好吃。做精酿没有什么高大上的，就是我给大家酿酒，大家给我饭吃。"

🍷 推荐酒款

西楚霸王帝国IPA

酒精度：14.2% ABV

一款使用单一西楚酒花酿造的帝国IPA。一般帝国IPA酒精度在7.5%~10%之间，西楚霸王14.2%的酒精度足以大杀四方。为了压制极高的酒精度，这款酒的甜度也很高。蜂蜜、焦糖的麦芽风味，柑橘、荔枝、西柚的酒花香气。温度较高时会感受到酒精的温热感。建议小杯饮用。

无缝连接酸 IPA

酒精度: 6.5% ABV

使用了西楚、马赛克和埃尔多拉多酒花，乳酸菌酸化。芒果汁为入口香气指明了方向，但并不掩盖酒花本身的香味。芒果、橙子、百香果……酸度复杂。慢慢饮用，感受酒花与水果、乳酸与果酸、酵母与乳酸菌的无缝连接。

石家庄

野鹅微醺

2020年，一位来自"甘发所"的家酿爱好者在"大师杯"家酿大赛中斩获了7个奖项（包括全国总冠军），一举成名。他就是邢超，租住在北京的甘家口8号院小区，给自己一个人的组织取名为"甘家口发酵研究所"。

邢超入坑精酿是在2014年。当时，他喝了牛啤堂的牛壁小麦啤酒，非常激动，"找到了一种在麦田上奔跑的感觉"。2017年，为了考 BJCP 啤酒评审，邢超根据《BJCP 分类指南》搜罗了100多种不同的啤酒。大部分酒都要几瓶（甚至24瓶）起卖，他就张罗了三位朋友，每周四一起练习品酒，交流心得。

通过系统地学习《指南》，邢超认识了好酒应该有的样子，家酿时有了更明晰的方向，热情也更高了，白天上班，晚上回来就酿酒。由于多次占用煤气灶太久，他终于被室友"赶"了出来。于是，邢超自己租了个小屋，14平方米的房间里，除了一张床，全是家酿设备。

获得"大师杯"总冠军之后，邢超回到家乡，联合创办了"野鹅微醺"并担任总酿酒师。野鹅的另一位创始人刘超更早就从事商业酿造。在刘超的帮助下，邢超迅速将家酿时积累的配方转化成商

▲ 2020年大师杯总决赛，奖拿到手软的邢超　　▲ 14平方米的出租屋里摆满了家酿设备

业产品。短短一两年时间，野鹅就作为石家庄精酿的代表，飞到了全国各地。

邢超是出名的斜杠青年和时间管理大师。除了在野鹅酿酒，他还是一位建筑结构设计师，曾担任啤酒知识科普读物《啤酒日历》的总编辑，创立了"中国面友会"和"D7艺术实验室"两个组织。"小麦献给肉体，大麦献给灵魂"——理工男的外表之下，是一颗浪漫的内心。

一款夜莺帝国世涛，让野鹅一鸣惊人。《夜莺》是安徒生唯一以中国为背景的童话故事。主角夜莺是一只外表平凡的灰色鸟儿，用美妙的歌声驱走黑暗，守护着人们。由于小时候深受这个故事的触动，邢超酿了这款酒以致敬这部作品。巧合的是，夜莺的英文名Nightingale，结尾"ale"正是"艾尔啤酒"的意思。

爱好广泛，邢超自然有数不清的酿造灵感。野鹅北京店有24个酒头，全部是自酿酒款。石家庄地处太行山下。野鹅的酒花产品系列"太行"，既包括传统的西海岸IPA太行凌云、帝国浑浊IPA太行听溪，也有创新类产品，像添加了太行山间花朵和蜂蜜的太行春雾双倍浑浊IPA，以及加入了霞多丽葡萄汁的太行丹霞三倍浑浊IPA。

野鹅喜欢和其他地区的酒厂、酒吧和组织一起，采用当地的原料合酿。山东潍坊有一个"青州柿子沟"，一到秋天，满山遍野都挂满了红灿灿的柿子。野鹅和潍坊当地的塘鹅酒厂一起，将青州柿子加入到柏林酸小麦基酒里共同发酵，酿出了一款柿子风味十足、口感细腻的秋日柿言。厦门人喜欢吃腌咸桃，也有用话梅泡水的习惯。邢超去厦门设计新厦门机场，工作之余和厦门沙坡尾酿造合作，用苹果汁浸泡厦门本地产的话梅，加入河北深州水蜜桃汁，复刻出了一款老厦门都熟悉的风味西打酒。浓郁的话梅、苹果、蜜桃风味，咸、甜、酸味在舌尖上接连绽放。这款合酿酒叫斗阵七淘（桃），是闽南俗语"一起玩耍"的意思。

　　既然叫"野鹅"，那必须得来点儿"野"的。2022年底，野鹅开始了"元野"计划，用野生酵母和自然原料来做尝试。元野001就是一款野生艾尔酵母发酵的浑浊 IPA，喝起来是很强的芒果和菠萝风味，不酸也不"臭"，颠覆了很多人对野生酵母的认知。2023年，野鹅搭建了微生物实验室，开始培育自己的酵母。邢超希望，未来不再依赖新奇原料，而是"通过微生物优势，建立起野鹅产品的护城河"。

🍷 推荐酒款

夜莺熔岩黑巧蛋糕帝国世涛
酒精度：8.5% ABV

野鹅首款主推产品，中国厂牌帝国世涛典范之作。采用了8种麦芽，并在不同阶段投入香草、咖啡豆、烤椰子片。扑鼻的巧克力、咖啡、椰子香气，酒体浓厚顺滑，甜而不腻，像一杯液体巧克力蛋糕。

▲ 夜莺

太行丹霞霞多丽三倍浑浊 IPA
酒精度：9.4% ABV

一款用霞多丽葡萄汁和麦汁混合发酵的啤酒，添加了哈拉道布朗和尼尔森苏维酒花。金色浑浊酒体，泡沫十分细腻。喝起来是扑鼻的橙子、西柚、青提、白葡萄的香气，收口有一些霞多丽的矿物感，配合啤酒花的苦味，还有酒精的温热感，层次复杂，回味悠长。

武汉

拾捌精酿

　　姜麒是出了名的小酒量。马路旁、桌子下、厕所里……各种意想不到的地方，姜麒都曾被突如其来的睡意击倒过，相关证据永远留存在了朋友们的手机里。在短视频时代，"小酒量酿酒师"的标签不小心成了一个流量密码——姜麒成了一名网红。更早之前，成为一名职业酿酒师的缘分，也可以说和酒量差不无关联。

　　2012年，光头（王帆）还在卖瓶装啤酒。有一天，店里来了一位鬼鬼祟祟的人，进来后不讲话也不点单，而是径直走向冰柜，把酒一瓶一瓶地拿出来看。看完一圈之后，这个人才说他叫姜麒，是督威啤酒的一名销售。光头开了一瓶"大绿棒子"。姜麒并不拒绝，只不过一杯下肚，就在店里睡着了……光头从没见过这样的酒水销售，觉得十分有趣，后来才知道，姜麒其实是专业酿啤酒科班出身。此时光头的店已经开了两年，正好有开酒厂的打算。两人一拍即合。一年后，光头勉强攒够了18万元创业资金，新酒吧因此得名"18号酒馆"。

　　武汉是一座"百湖之市"。在这里出生、长大的本地人，生活是以湖泊为圆心的。对于外地人来说，武汉现有的166个大小湖泊之中，最著名的当数东湖。从2011年起，就有BMX（越野摩托车式自行车）爱好者骑着自行车跳入这个位于武昌区东部的湖泊，以此呼吁保护东湖环境，警惕填湖圈地。后来，

▲ 姜麒

"跳东湖"逐渐成为武汉青年在夏日拥抱自然的一场嘉年华，一张体现武汉精神的城市名片。据说，跳入湖中一刹那的感觉，如同酒花在口中爆炸。2014年，作为"跳东湖"活动的主办方之一，18号酒馆将"18号酒馆IPA"改名为跳东湖IPA。这可能是中国精酿最成功的一次改名。从此，"跳东湖"活动和这款酒互相成就，18号酒馆和拾捌精酿顺势成为武汉精酿的代表。

▲ 跳东湖

　　武汉不仅湖多，同时也是一座充满江湖气的城市。18号酒馆创始店的初代店长，江湖人称"杀手"，可以5秒钟开13瓶酒，浑身布满纹身，看起来是个狠人，其实是个遵纪守法、内心温柔的男子。王帆诨号"光头"，却不是光头（顺便说一下，牛啤堂的"小辫儿"也没有辫子）。但是总有客人自称认识光头，要求打折。有一次，光头亲自接待了一位自称是"光头兄弟"的客人。忍无可忍的光头想了个办法：凡是剃光头的店员就发200元红包。于是，除了光头之外，所有店员都剃成了光头，之后很久都没有人再敢来骗吃骗喝。

▲ "光头"（中）和全员光头的店员

　　光头每天都喝很多啤酒，所以他请姜麒为自己定制了一款易饮且有味道的酒。这是一款酒精度4.5%的社交型 IPA。虽然酒体非常轻盈，但还是投入了不少马赛克酒花，能够让人感受到美式酒花经典的柑橘和葡萄柚的香气。然而，他的"啤酒极客"小伙伴们觉得味道不够重。听了他们的批评，光头出门花了30块钱，请打印店小哥在一张白纸上排了五个大字："不接受批评！！"作为这款酒的酒标。

　　幸好光头没有接受批评，因为直到今天，在拾捌所有的易拉罐产品中，不接受批评是最畅销的一款。除了撞上了易饮的流行趋势，"不接受批评"也成为年轻人借以表达自我的方式。（据说，曾有不谙世事的打工人在和老板开会前，在会议室里摆了一桌"不接受批评"。）后来，拾捌精酿又推出了随便先生美式 IPA、不接受 KPI！！社交浑浊 IPA，继续"不接受批评"的态度。

　　这几款 IPA 是光头留给自己的任性，但作为一个酒厂，生存是第一位的。虽然光头喜欢喝纯粹、不增味的酒，但是最近几年，精酿市场越来越鸡尾酒化，酸酸甜甜的水果增味型啤酒受到越来越多人的欢迎。在国外，添加了大量水果原浆（果泥）的酸啤酒往往能够受到重口味的啤酒极客们的欢迎，并在啤酒点评网站获取高分。在销售负责人的一再催促之下，光头只好答应试一下。

2021年初，拾捌连出三款果泥浪潮啤酒，编号命名，其中1号添加了草莓、蔓越莓、樱桃和树莓；2号加入芒果、番石榴和百香果；3号则加入杏子、金橘和白巧克力。"果泥浪潮"在国内掀起了一阵果泥浪潮。这几款酒是拾捌定价最高的常规

▲ 左起分别为果泥浪潮3、1、2号

啤酒，仍然供不应求。3号果泥成为拾捌在啤酒点评网站 Untappd 上唯一一款超过4分的啤酒。

"果泥浪潮"大获成功，光头却开心不起来："我们之前花了这么多精力去把一款酒做得干净，去把一款基酒做得更好，希望更多的人能够知道精酿啤酒的基础是什么样子的，标准的是什么样子。但到今天，我们又被迫'下水'，用更多的风味去把它掩盖掉，真的挺悲凉的。"

光头仍然固执地热爱"纯粹的啤酒"，但在当前的市场环境下，他将更多精力花在了拾捌的品牌输出和开店上面。2021年底，拾捌精酿进行了一次激进的品牌重塑，并为之举办了国内精酿行业首场品牌升级发布会。在这次品牌升级中，拾捌在视觉上"围绕着湖泊、气泡以及流动这三组关键词展开，把湖与湖的连接作为基础世界观，将粉碎麦芽、沸腾、发酵、气泡上升的啤酒酿造过程视觉化"。同时，在酒款命名上延续了"跳东湖"的传统，将常规酒款名彻底"湖化"。一款高酒精度的"血滴子"帝国世涛，改名晃湖（Dizzy Lake）；别害羞西打，改名打个招湖（Say Hi Lake）；2017年获得中国第一块 IBC（日本国际啤酒杯）金牌的金牌咖啡赛松改名醒醒湖

（Sober Lake）；随便先生改名不在湖（Whatever Lake）；"不接受批评"……当然还叫"不接受批评"。统一、前卫的易拉罐视觉体系，摆在冰柜中十分抢眼。

拾捌是一个很会表达的精酿品牌。酒、酒名和酒标设计是表达，门店自然也是。如今，18号酒馆已经走出武汉，开到了杭州、长沙、深圳、南京、南昌和海口等地。武汉被称为"九省通衢"，是华中地区重要的交通枢纽。从18号酒馆绿地店开始，拾捌找到了

▲ 18号酒馆武汉绿地店

▲ 18号酒馆长沙店

▲ 18号酒馆海口店

▲ 18号酒馆杭州店

从"交通"出发的延展方式。绿地店所在地曾经是武昌车辆厂。于是，火车头、电车轨等元素，被融入店铺设计。在电力厂仓库，拾捌还找到了废弃的变压器，在店内重新将它竖起。长沙和武汉同属长江流域。18号酒馆长沙店融入了码头文化的设计，进门便能看见船舱、休息舱、甲板告示牌等设计元素。海口店则将"帆"作为标志性元素，让客人畅想在蓝天白云下，做扬帆远航的水手。最有意思的还是杭州店。在"感觉地球要爆炸了"的2020年，18号酒馆在杭州建造了一座"太空实验登陆舱"。坐在吧台，透过长方形舷窗看到巨型操作台，半空里垂挂圆环悬臂，一时分不清身在何处。唯一的慰藉是被流星撞击过的舱体上悬挂的24个酒头，源源不断地供应着来自地球的啤酒。

🍷 推荐酒款

跳东湖美式 IPA
酒精度：6.2% ABV

浓重的柑橘、菠萝、葡萄柚、百香果的酒花香气，些许矿物和硫味，还有轻微的面包甜香。喝下去虽然苦，但收口干净，不拖泥带水。酒体轻盈，比较畅饮。无论是风味还是稳定性，"跳东湖"都算是国内西海岸 IPA 的标杆。每年，还会出限量的 DDH 版本，一定不能错过。

▲ 10周年特别版 DDH 跳东湖

桃枝蕉蕉水果酸艾尔
酒精度：4.2% ABV

桃子、香蕉的香气扑鼻，荔枝蕴含其中，收口是清新的西柚果酸和微微的苦味。水果香气丰富、浓郁，口感如奶昔般顺滑，毫无酒精感，是性价比极高的一款"果泥"。

小恶魔

2014年，正在武汉攻读古地震专业博士的雷虎（Taylor Armstrong）遇到了李梅（May）。May 成功说服雷虎放弃了他中二的中文名，改用他英文名的音译"泰勒"，这也是现在他在中国精酿圈被熟知的名字。

为了参加泰勒姐姐的婚礼，May 来到美国的宾夕法尼亚州的好时镇。这里是好时巧克力的故乡，巧克力爱好者的天堂，空气中都弥漫着巧克力的香气——甚至连路灯都是巧克力的形状。除了被遍地的巧克力元素所震撼，May 还第一次去了精酿酒吧，喝到了 IPA，以及香蕉巧克力增味的啤酒。

回国之后，May 对那杯耐人寻味的 IPA 念念不忘，但她的注意力很快被淹没在当时的工作中。May 是一位湘妹子，17岁考上武汉音乐学院，主修架子鼓。她当时开了一家音乐培训中心，教小朋友钢琴、吉他、架子鼓。教了几年之后，May 有点"怀疑人生"，于是将培训中心交给朋友打理，请了一个长假，只身一人去洛杉矶游学。

在洛杉矶期间，May 开始去找精酿啤酒。宿舍附近的超市里，

▲ May

▲ 泰勒

一个冰柜里就有20多个精酿厂牌的啤酒。有一天回宿舍的路上，May遇到了一个超长的红灯。在等红灯期间，她开始思考："如果我们步入发达国家的话，对酒一定有更高的要求。今天在美国感受到的这个文化，喝到的这个酒，给中国5～10年时间，一定会有，那我还读个什么书？"May越想越激动，三天后便回了国。

回国后的May一边筹备精酿事业，一边继续教小朋友音乐。她买了些讲"酿酒小窍门"的英文书，自己看着头大，就忽悠泰勒去学。这时泰勒才告诉他，自己之前和妈妈一起酿过啤酒！

泰勒用家酿设备酿了一锅琥珀IPA。May试了一口，如同一股电流穿过口腔——就是她在好时镇第一次喝到IPA的感觉！她觉得眼前的这个男人有酿酒天赋。此后的几个月，May将泰勒的家酿啤酒拿给她的朋友，包括当时的学生家长们喝。很多家长因此变成了精酿啤酒的爱好者，一见到May就追问下一批什么时候酿好。

我们选择做一件事，有时是由于过去某个时刻埋下的种子，有时是一路被人推着走——有时两者都有，这也许就是宇宙的信号。2016年5月的一天晚上，May突然觉得时机成熟，就骑着"小电驴"出门，在家附近看店铺，路过一排新门面，漆黑一片，连路灯都没有。May停下车凑近一看，上面有个招租电话，就这样签下了第一家店铺。

店是租下来了，设备还没有，最重要的是，酿酒师泰勒还在读博士！好在May循循善诱，帮助泰勒发现了他内心的热爱——说服他放弃了古地震研究，一起去山东采购酿造设备。

泰勒的二姐是动画设计师，为小恶魔创作了包括logo在内的整体视觉设计。取名"小恶魔"，也是因为May在天使之城洛杉矶的海边看到了一个红色霓虹灯牌，上面写着"Devils"。她觉得直接叫"恶魔"的感觉有点凶，所以前面就加了个"小"。

2016年8月，小恶魔第一家门店正式开业。May之前学生的家长们如约前来捧场，和泰勒在武汉的老外朋友们一道，成为最初的一批客人。

和所有来中国的老外一样，泰勒也"喜欢中国文化"。他最喜欢逛中国的菜市场和香料市场。黑枸杞、茉莉花，各种茶叶各式香料，都是他的酿造原料。在 IPA 中加入绿茶和柠檬，在英式苦啤中加入红茶——泰勒说自己"爱玩儿"，总想在酒里加点儿什么。他甚至还酿了一款热干面金色世涛，除了可可豆和咖啡豆，还加入了花生酱和辣椒，一口下去，就是武汉的味道。

泰勒经常会为一个喜欢的成语酿酒。比如"奇花异草"是一款加入了茉莉花、金银花和桂花的小麦啤酒。有时候，泰勒也需要完成来自 May 的命题作文。May 觉得"般若菠萝蜜"这个词不错，泰勒就用自带椰子和柑橘香气的酒花，添加菠萝和菠萝蜜，做了一款"般若菠萝蜜"酸奶昔 IPA。

泰勒是个实诚的美国小伙。他不知道甚至不愿知道，可以买果汁甚至浓缩液——需要加什么水果，他就去买什么水果，然后和酿酒助理一起剥皮、榨汁。有一次，为了酿一款椰子增味的世涛，他买来了

▲ 热干面金色世涛

▲ 糊涂椰子增味世涛

30公斤的椰蓉，和助理一起小心翼翼地烘烤了3天——他不知道可以直接采购烤过的椰蓉！后来，这款酒被命名为糊涂。

这不是泰勒第一次糊涂。之前，他酿的浴火 IPA，干投了3次酒花。May 根据泰勒提供的7800元/吨的成本，定价上市。一年多之后，楚门的邢磊来交流时，看到酒花投放量后十分震惊。于是，May 找了另一位酿酒师核算价格，发现泰勒把成本算错了，光是酒花成本就超过了8000元/吨！但市场已经习惯了之前的定价。May 决定维持原价，浴火成了小恶魔不赚钱甚至亏钱卖的一款酒。

作为厂牌主理人，May 经常感觉到精酿行业还是个"男人的圈子"。当她和泰勒一起出现在啤酒节上，不少人会下意识地认为泰勒是老板，而 May 是助理/翻译/女友/妻子……总之不是老板。前几年，May 还挺在意，如今的她可以一笑而过。这并不是因为她害怕冲突和表达，而是她发现，自我实现并不总是外在的。现在，May 选择专注于自己的内心世界，将更多的精力花在陪伴家人和朋友上。"有时候，牺牲不是示弱，而是更加勇敢的表现。"这是 May 理解的女性力量。

🍷 **推荐酒款**

浴火 IPA

酒精度：5.3% ABV

明显的柑橘和蜜瓜香气，轻微硫味，加上圆润的口感，营造出了较强的果汁感。一款香气、酒体适中，甜苦平衡的浑浊 IPA。

小恶魔淡色艾尔

酒精度：5.7% ABV

典型的美式淡色艾尔——柑橘、西柚、松针、淡淡的面包香，有一定的苦度，口感顺滑，酒体适中，比较易饮。

合肥

小荷酿造

2014年，安徽农业大学为了鼓励学生创业，采购了一套小型的啤酒酿造设备。将这套设备用起来的重任，理所当然地落到了生物技术系身上。作为系里的学习委员，小何（何祥俊）自称"对工业啤酒过敏"，对这套啤酒设备也并没什么兴趣，但是为了动员学弟学妹，小何还是以身作则，自己先研究起来。

那套设备模拟了工业啤酒的酿造流程，虽然"迷你"，但发酵罐容积也有300升。酿好的酒，自然不能倒了。小何开始拿给老师和同学们喝，并逐渐在学校里出了名。第二年，几位支持学生创业（爱喝酒）的老师说服小何放弃了读研计划，为他众筹了一个前店后厂的酒吧。

当时，小何还在上学，时间精力有限，酒吧的生意并没有很好，甚至谈不上有生意——酒吧运营的一年间，只有一位"自来客"，其他客人都是众筹的股东。首次创业失败，但股东们都没有责怪小何。在毕业之际，牵头发起众筹的老师对他说："你酿的酒非常好，应该让更多人喝到。"这句话点醒了他，他意识到，酿酒是值得自己一生去做的事情。

▲ 小何

从2016年到2019年，小何去找代工厂酿酒，并在合肥开了三家酒吧。管理门店非常消耗精力，他在其中也并没有找到乐趣，反而觉得违背了酿酒的初衷，已经本末倒置了。于是，小何在2019年底将三家店全部关闭，并建立了自己的厂牌"小荷酿造"。

酒厂成立之初，有一位合肥的资深酒友预测"果泥啤酒"的风口即将来临，怂恿小何也酿起来，为此还帮他收集了一套顶级的进口果泥啤酒。小何核算了优质果泥的成本后发现，有这个预算还不如酿厉害的世涛。他是一位咖啡爱好者，而咖啡和世涛又很搭。一般来说，增味原料投放得越晚，风味物质越容易保留下来，但和啤酒本身的融合度会差一些。为了让咖啡豆的味道最大程度地融入酒体，他想到在糖化阶段投放咖啡豆。他用麦汁代替热水，过滤槽代替滤碗，麦糟层代替滤纸，最大程度地将手冲咖啡的原理融入到酿造中，甚至连咖啡豆的投放量也是按照手冲咖啡的冲泡比例。这种投放方式非常费豆，但结果令人惊喜——深色麦芽与可可、淳厚的曼特宁咖啡香气融为一体，伴随一丝椰香，丝滑的口感仿佛过了橡木桶一般。这款贰·壹帝国咖啡世涛让小荷一鸣惊人。

如今，小荷的酒款以酒花类型为主，包括路口社区酒花皮尔森、翻山越岭西海岸 IPA，都是仅用了基础麦芽，以最大程度凸显酒花的特点。当然，数量最多的还是浑浊 IPA：一见三联、协同效应、控制变量、一维空间等，以及同样为告别2021而命名"贰·壹"的三倍干投浑浊 IPA。小何喜欢控制变量，研究不同麦芽、酒花、酵母和其他原料的配比和投放方式，甚至酿出了一些接近极限的酒款。

在小何看来，精酿啤酒需要"口感不作弊，工艺不偷懒"，在此基础上，没有不好喝的酒，只有个人喜不喜欢。精酿啤酒不只是"酒"，还要有"神"。"失去了文化的精酿，就像没有信仰的教徒，野蛮且虚伪。"

🍷 推荐酒款

贰·壹帝国咖啡世涛
酒精度：12% ABV

深黑色酒体，泡沫留存度不高，但不失优雅细腻。扑面而来的咖啡、巧克力的醇厚香气，中间夹杂着轻微的烘焙麦芽香、椰香和枫糖味道。酒体厚度中等，极其顺滑。咖啡和巧克力的风味自然饱满，中段的甜度略显突出，但也衬托出了巧克力的浓郁风味。收口的苦味持久，有些许酒精感。

一见三联双倍干投浑浊 IPA
酒精度：7.8% ABV

这款浑浊 IPA 干投了当季采摘的新西兰酒花，带有新鲜的芒果、柑橘、蜜瓜、葡萄柚等热带水果的香气，还有一些硫化物的味道。酒体较轻，风味充足又不失易饮。

芜湖

水猴子

大学毕业之后，李宗文（老李）留在加拿大，在奔驰汽车做客户经理。一次偶然的机会，他在酒类专营店买到了一提啤酒，花花绿绿的颜色，各种类型的风格，炫完之后，意犹未尽，上网一查，发现酒厂就在家附近，周末还有一个酒厂开放日。他从此一发不可收拾，半年内去了安大略省及附近的十几个精酿酒厂，并跟着视频学习在家酿啤酒。

老李生于白酒世家。2014年，他回到阔别10年的家乡芜湖，跟着家里人做白酒。很快，他发现自己的热情还是在啤酒上。2015年，他创立了"水猴子"品牌，在搭建团队的过程中结识了现在的妻子，同时也是事业合伙人的千岁。

▲ 李宗文

"水猴子"是长江流域孩子们都怕的一个词——小时候不听话，大人们就会吓唬说水猴子（水鬼）来抓了。没有人知道水猴子长什么样，如同神秘的精酿啤酒——当然，这是后来赋予的内涵，对于当时的老李来说，"水猴子"这个词能让人产生好奇，甚至停顿几秒，这就够了。

老李对桶装生啤有非同寻常的执着。在喝到那提精酿啤酒之前，他的大学同学就教他在酒吧问 "What's on tap?"（酒头上有什么）。从此，他去啤酒吧的时候总是点酒头上的生啤。管它是不是"精酿"，新鲜的生啤时常给他惊喜。有了品牌之后，老李和千岁从啤酒经销做起，但是他们发现货源有限，且集中在瓶装啤酒。老李决定建个酒厂，自己酿新鲜、桶装的精酿啤酒。

虽然之前有过家酿经验，但商业酿造毕竟不同。订购的设备即将进厂，老李开始抓瞎（"抓瞎"现在也是水猴子一款皮尔森的名字）。通过层层关系，他联系到了如今在猫员外、当时还在 Taps（一家深圳自酿酒吧）的酿酒师 Gavin。Gavin 答应带着老李酿几天酒，不收费，但有一个条件：如果以后有人向老李提这样的需求，他也要答应。直到现在，Gavin 仍然延续着免费教学分享的精酿精神。

▲ 老李和 Gavin 一起酿酒

▲ 凤梨可乐达

由于对啤酒的了解有限，加上设备的局限性，水猴子从"黑黄白"开始酿起。老李认为"精酿啤酒"（craft beer）的核心在于"手工（craft）"。只要是手工酿造（且没有加乱七八糟的辅料），都应该算精酿啤酒。

虽然如今最畅销的还是当初的一款"白啤"——橘十四比利时小麦，但水猴子的酒早就不止基础款了。从2018年的魂浑浊 IPA、西姆科单一酒花套路美式 IPA，到添加了芜湖本地柑橘蜂蜜和椴树蜂蜜的三倍危险三倍浑浊 IPA、用拉格酵母发酵的冷处理冷 IPA……仅 IPA，水猴子就玩儿出了各种花样。

人是矛盾的动物。我们都认为酒要"稳定"，但又总忍不住想要"尝新"。迫于市场对新品的需求，水猴子现在几乎每个月都有一两款新酒。这些季节款都只酿一批，年底的时候，根据市场反馈，一些季节款会被设为常规款。各种各样的增味原料是加快出新速度的最佳武器，水猴子也是喜欢用水果的精酿厂牌。桃汽西打，是新鲜水蜜桃和苹果的灵魂撞击。一款加了荔枝、百香果、芭乐三种果汁的水果古斯，叫荔枝你个芭乐（百香果应该不喜欢这个名字）。在比利时四料啤酒中，水猴子加入了新疆红枣、山核桃和红糖，酿了一款极具东方特色的圣诞酒。凤梨可乐达是我的最爱，这款酒的灵感来源于 Pina Colada（一款以朗姆酒、椰浆和菠萝汁为主的鸡尾酒），在古斯啤酒中加入新鲜菠萝果泥、烤菠萝和烤椰子片。香甜的椰子和菠萝香气扑面而来，夹杂一丝海盐的咸味，那是阳光和海滩的感觉，希望老李赶快将这款酒做成常规款！

　　鉴于老李家里也有白酒生意，水猴子自然成了国内最早将啤酒与白酒结合的品牌。2018年初，水猴子酿了一批特殊的大麦酒，其中加入了五粮浓香型白酒的原料：高粱、大米、小麦、玉米和糯米。发酵完成之后，采用三种不同的方式陈放：一部分装进不

▲ 八百日陈坛帝国世涛

锈钢 KEG 桶，冷藏贮存，其余装入两只白酒老坛，其中一只封坛陈酿，另一只加入白酒大曲后继续发酵。两年多以后，三坛酒混调装瓶，名曰八百日陈坛大麦酒。据说除了有大麦酒的干果、焦糖香气，还有黄酒、雪利酒的口感。

　　时隔五年，水猴子又在2023年底发布了一款八百日陈坛帝国世涛。这款酒酿造于2020年初，仍采用三种方式陈放，但是在发酵14个月之后，在带曲酒坛中加入了15公斤樱桃浓缩汁，不带曲酒坛加入了20公斤樱桃干，继续发酵3个月，混调后重新入罐。这款酒的深色水果如李子、樱桃的香气浓郁，层次丰富，微酸，伴随些许黄酒的韵味，收口有类似巧克力和布朗尼蛋糕的味道。

　　这两款酒比较难得，白酒爱好者还可以试试常规款的白酒布朗尼帝国世涛。这款帝国世涛使用了7种不同的麦芽，投放了大量的燕麦、可可豆和香草酱，最后混调了洞藏6年以上的五粮原浆白酒，收口时能够体验到白酒的温润感。期待水猴子能够继续为我们带来体现白酒与啤酒的跨界惊喜。

▲ 蓝色银河荔枝蜜桃海盐硬苏打

▲ 三倍危险

🍷 **推荐酒款**

蓝色银河荔枝蜜桃海盐硬苏打

酒精度：4% ABV

水猴子可能是国内最早使用螺旋藻做蓝色啤酒的精酿酒厂。这款蓝色硬苏打拥有扑鼻的荔枝、蜜桃香气，和酒体颜色形成了有趣的反差。酸、甜、咸平衡，较高的杀口感，进一步减弱了甜腻的感觉。

三倍危险三倍浑浊 IPA

酒精度：11.2% ABV

突出的柑橘、蜜瓜等水果香气，伴随一些花香和甜美的麦芽香。口感圆润，果汁感强，甜苦平衡，酒精感隐藏得十分出色，非常危险。

南京

高大师

1992年，在美国留学的高岩第一次喝到了精酿啤酒。第二年，他的一个朋友搬家，在女友的强烈"建议"下清空了酿酒的瓶瓶罐罐，高岩就这样得到了第一套家酿设备，从此踏入家酿啤酒圈。2004年，高岩从美国回到南京，买不到精酿啤酒，他只好重操旧业，组装了一套锅碗瓢盆，酿给自己喝。

2008年3月17日，高岩带着他酿的两款啤酒来到了"答案"酒吧。5个月后，南京欧菲生物技术有限公司（欧菲啤酒）正式注册，中国第一家精酿啤酒厂诞生。

在《食品安全法》都还没有的年代，没人知道这种小型啤酒厂的资质要求。"欧菲生物技术"名义上是一家生产酵母的公司，而啤酒是酵母的培养液，丢了可惜，只好售卖。就这样，欧菲啤酒靠卖"酵母培养液"给南京的几家酒吧为生。2011年，公司终于收到了一张60多万元的罚单。因支付不起罚款，高岩只好将公司关停。

▲ 欧菲啤酒位于南京浦口的老厂房

　　中国第一家精酿酒厂停业了，但更多厂牌即将崛起，原因还是和高岩有关。就在那一年，高岩出版了中国第一本家酿啤酒书——《喝自己酿的啤酒》，主要内容来自他在天涯论坛上连载的《手把手，大师教你酿啤酒》。高岩是化学硕士，"硕士"的英文"Master"，正好也是"大师"之意。在论坛上连载时，为了吸引眼球，高岩便称自己为"大师"。这本书启发了众多精酿爱好者走上家酿甚至商酿之路，"大师"的名字叫开了，高岩从此变身"高大师"。

▲ 高岩

2012年，高岩重新注册了"南京精工啤酒"公司，后改名为"高大师啤酒"。当时酿啤酒，除了法规问题，最苦恼的还是原料。不仅买不到好的啤酒花，有时候甚至要自己烘烤特种麦芽，这也严重限制了能够酿造的酒款风格。那段时间，美国啤酒花协会正好要在中国推广，高岩就成了美国啤酒花协会的市场代表。

虽然是美国啤酒花协会的代表，但高岩手上的啤酒化也不多。借着"近水楼台"，他将当时全国能搜集到的100多公斤美国啤酒花悉数用上，在山东的一家代工厂酿了婴儿肥 IPA。2013年，婴儿肥装瓶，成为中国第一款瓶装精酿啤酒。十多年过去了，婴儿肥的代工厂换了一家又一家，依然保持了当年的配方，还有小辫儿为其设计的大胖小子酒标。

从最开始，高岩就在酿一些无法被准确归类的酒。比如婴儿肥，虽然使用了大量美国啤酒花，却用了英式酵母，以至于在投送比赛时，有时得了"美式 IPA"的奖，有时得了"英式淡色艾尔"的奖。对于大师而言，不按套路出酒，当然是由于独具匠心的巧思。

《喝自己酿的啤酒》出版之后，越来越多的家酿爱好者开始把自己酿的酒寄给高岩。但他有时候根本没收到，有时候收到了，酒却爆了、坏了，也可能忘记喝，或者喝了忘记给反馈。于是高岩觉得，是

▲ 婴儿肥——中国第一瓶精酿啤酒　　▲ 抗疫特别版婴儿肥

时候好好喝一喝了——2012年10月，高岩在一个朋友的客栈举办了中国第一个家酿啤酒比赛，赛前临时命名为"大师杯"。

比赛名字都有了，但这群人在干什么还没有明确的叫法。虽然几千年前我们的祖先就在酿啤酒，但"craft beer"却是发源于美国的新事物，中文翻译还未达成一致。当时的叫法有工坊啤酒、手工啤酒、工艺啤酒、精工啤酒、微酿啤酒、精酿啤酒等，比赛前，以高岩、小辫儿和银海为代表的三人主张使用"精酿啤酒"的翻译，高岩宣布了这个决定，在场人员鼓掌通过。从此，"精酿啤酒"的叫法传开了。

作为中国第一个精酿厂牌，酿中式啤酒一直是高岩的夙愿。2013年，适逢建厂五周年，他用藏香木头熏了一批麦芽，加上西藏的水和青稞，酿了一批五年计划。酒款风格照例未知。高大师啤酒花园里有一株桂花树，总是在其他桂花都谢了才慢慢盛开，给酒客们留下最后一丝秋意。高岩徘徊树下，寄情于酒，于是在婴儿肥中干投桂花，酿了一款婴儿肥桂花淡色艾尔。从此，在桂花盛开的晚秋，酒客们在高大师啤酒花园赏桂喝酒，捻桂花入酒，色、香、味、景俱全。

2006年，美国角鲨头酒厂推出了一款"贾湖"，引起了国内外的轰动。在这款酒中，角鲨头加入了9000年前河南贾湖遗址酿酒遗迹中发现的几种原料。高岩觉得，加几种原料就声称还原了贾湖啤酒，十分不严谨，何况这还是中国的遗址。"找到贾湖酒真相的方法只有一个：置身于当年的简陋设备和原料中，通过实验找到最合理的方法，最后确认一套可行的酿造工艺，再通过确认的工艺和设备，来判断贾湖的发现是不是酒，是不是啤酒。"

高大师的团队得到了贾湖考古领军人物张居中教授以及河南南阳造窑制罐大师钞遂该的帮助。经过数年的案头研究、实验室试验、陶土试验、烧窑试验，"酿造贾湖"项目组取得了一些研究成果，比如还原了贾湖人使用蜜蜡涂抹罐体来防止渗水的方法。自2017年起，高大师团队基本确认了原料和设备，开始研究如何在可控条件下使用贾湖工艺酿造自然发酵啤酒。

▲ 还原9000年前的酿造过程，陶土罐出窑

▲ 2021年批次的酿造贾湖

贾湖人酿酒，葡萄是不可或缺的原料。由于葡萄的季节性，每次实验的跨度都是一年。2018年和2019年连续两个批次因污染杂菌而失败。2020年开始，高大师终于酿造出满意的批次。酿造原料包括水、葡萄、蜂蜜、大米、藕粉，以及贾湖时期并没有的大麦芽和啤酒花。贾湖人使用新鲜蜂蜜来获得其中的淀粉酶，但高大师难以获得足量的新鲜蜂蜜，不得已使用了大麦芽以获取其中的淀粉酶。按照国家标准，啤酒中必须含有啤酒花，所以高大师添加了一颗啤酒花。

不止高大师，早期的中国精酿人多少都遇到了我们现在难以想象的曲折，成都的王睿就是其中之一。

2015年4月初，在经历了罚款、查封、抵押房产之后，王睿的丰收酒厂终于通过了所有行政审批手续。正当王睿夫妇准备大干一场的时候，一场突如其来的大火吞噬了他们拥有的一切……高大师振臂一呼，联合牛啤堂和各地精酿啤酒协会，发起了一场救援行动。他酿了"火鸟"，一款象征着火焰的红色艾尔，采用了烟熏麦芽、辣椒和重口味啤酒花。这款酒蕴含了中国精酿从业者和爱好者们的共同希冀，祝愿王睿夫妇和酒厂浴火重生，展翅高翔。捐款者每捐100元，都可以得到一瓶"火鸟"。活动发起当天，共收到捐款近20万元，最终，活动共募集了40万元，悉数捐给"丰收"，用于酒厂重建。从此，王睿将酒厂改名"道酿"。

在中国精酿圈，吐槽高大师的啤酒难喝似乎成了一种"政治正确"。就像这瓶"火鸟"，你大概率不会想连"炫"两瓶，但对于高大师来说，精酿啤酒不只是产品，"把这个东西推广出去，先把事情做了最重要"。

高岩的好友李先生是一位歌手。我曾听到身边不少的朋友吐槽李先生"嗓音难听"。虽然"好听"是音乐的最低要求，但在了解他音乐背后的用心以后，你一定会被他的赤诚、勇气和慈悲所打动。这时，你自然会发现，他的行为本身就是艺术。当然，如果你去听他的现场演唱，如同去高大师店里喝新鲜的酒，或许会有新的认识。

▲ 火鸟

推荐酒款

婴儿肥 IPA

酒精度：5.2% ABV

中国第一款瓶装的精酿啤酒，也是一款无法定义风格的啤酒。柑橘、花香、焦糖、烤面包…… 当大家还在争议这是一款什么酒的时候，高大师说："呵呵。"

银河西海岸 IPA

酒精度：6% ABV

采用了澳洲的银河单一酒花。突出的柑橘、葡萄、桃子、松针香气，些许硫味，伴随轻微烤面包的香甜。口感顺滑，苦味突出，非常硬核，依然是大师的风格。

▲ 银河西海岸 IPA

上海

拳击猫

对于上海的酒友们来说，"拳击猫"一定不是个陌生的名字。2008年4月，拳击猫在上海注册，成为目前有据可查的中国最早的自酿啤酒屋。"拳击猫"的来源和"酿酒狗"（BrewDog，一家英国精酿品牌）并没有什么关系。之所以叫这个名字，是因为当时酿酒师养的一只叫路易的猫。一次偶然的机会，路易偷尝到了几口啤酒，突然躺在地上开始用后腿乱蹬，仿佛在打醉拳。于是，淘气的路易猫从此成了精酿猫。

2016年，拳击猫凭一款"红色擂台"琥珀拉格，赢得了啤酒世界杯的银牌，成为第一个在该赛事获奖的中国大陆精酿品牌。

2017年初，拳击猫被百威英博子公司 ZX Ventures 收购，在业界成为轰动一时的新闻。之后拳击猫开始在百威武汉工厂酿酒。由于百威的供应链、生产线和营销渠道的优势，拳击猫降低了酿造成本，并将几款核心啤酒瓶装出售，变得更加平易近人。

除了适合大众消费者的入门款，拳击猫每年还会和其他中国精酿厂牌"打擂台"，推出一些更加进阶的合酿款。比如和大九一起酿的咖啡酸 IPA，和广州保霖合作推出的，添加了上海杨梅和广州番石榴的杨梅番石榴香槟 IPA，等等。2021年，拳击猫和上海的明日酿造合酿了一款添加了上海崇明大米和柑橘的今朝醉米酒艾尔，十分上头。

被大厂收购了，还算"精酿"吗？拳击猫经常遇到这样的质疑。2023年8月的一个下午，我坐在拳击猫位于复兴西路店的吧台旁。这家店2008年装修，2009年开始营业。听店员说，今年生意很差，我是下午唯一的客人。接下来能否续约，谁也不知道。就在这时，一个小姐姐推门而入。她是住在附近的一位常客，也要搬离上海了，今天

▲ 拳击猫（新天地店）

▲ 番逗乐社交型 IPA。店员正在给小姐姐打最后一
壶酒

特地来打最后一壶酒。小姐姐和店员有一搭没一搭地聊了半天，然后拥抱、告别。毫无疑问，拳击猫是她生命中的一部分，大概也是她心目中的"精酿啤酒"吧。

🍷 推荐酒款

番逗乐社交型 IPA

酒精度：4.3% ABV

均匀、浑浊的暗金色酒体，泡沫绵密、细腻。清新的橘子、番石榴香气，淡淡的硫味。番石榴果汁的添加量非常克制，仍然以酒花的水果香为主。酒体中等偏轻，收口苦味较强。

右勾拳慕尼黑清亮啤酒

酒精度：4.5% ABV

香甜的谷物、面包的麦芽香，德式酒花的花香，简单柔和，收口干爽。酒精度较低，没有负担，适合畅饮。

明日酿造

2017年"大师杯"家酿大赛总决赛，一位上海选手投递的5款酒悉数获奖，并凭一款布雷特 IPA 获得了全场总冠军。这位选手叫范金，此时距离他第一次尝试家酿不过一年多的时间。

范金曾从事国际大宗商品贸易工作，在美国居住期间开始对啤酒感兴趣。不过，当时他最爱喝的是烈酒，尤其是威士忌。由于做威士忌的门槛过高，而啤酒和威士忌有很多相同之处，所以他退而研究啤酒。2016年，范金在美国西海岸开始了一场啤酒旅行，用一个多月时间拜访了32个精酿厂牌和酒吧。原本想考察下进口啤酒贸易，但通过和美国酿酒师们的交流,他发现这些精酿厂牌的起点大都是家酿。只要心怀对啤酒的热爱,并且敢于尝试,拥有自己的精酿厂牌似乎没那么遥远。回国之后,他开始学习家酿啤酒。2018年5月,范金放弃了从事了十年的国际大宗商品贸易,成立了"明日酿造",寓意"最好的作品在明天"。

范金是一位充满好奇心的酿酒师,什么都想尝试一下。他曾经在一锅麦汁中投放了200多斤鲜活小龙虾,还加入"十三香"一起参与发酵,酿了一款十三香小龙虾赛松。还有一款"爱的人爱死,恨的人崩溃"的榴莲波特,以美式波特为基底,加入了泰国榴莲果泥。

2021年,范金开启了"明日重现"系列,试图还原一些已经消失的古代啤酒。1号作品叫私藏艾尔,一款选用头道高浓度麦汁、犹如雪莉酒般香甜的英式老艾尔。2号作品古代水啤,是用酿造私藏艾尔时的二道麦汁酿造的一款琥珀艾尔。3号格鲁特,采用草本植物组合发酵(杜松子、迷迭香、蒲公英和白玉苦瓜),不添加啤酒花。4号派对之王十月节啤酒,还原了慕尼黑啤酒节的主题啤酒。

除了这些新奇的酒款,范金自己最爱的还是 IPA 类的酒。明日酿造第一款商酿酒款叫朦胧的梦,是一款在家酿时期就斩获众多奖项的浑浊 IPA。仅2022年,明日酿造就密集推出了13款 IPA 产品,包括

▲ 范金

▲ 酿酒用的小龙虾

使用不同形态西楚酒花的单一酒花超级物种浑浊 IPA、每年妇女节的例行限定款粉红靴子、三个酒花新世界（美国、澳大利亚、新西兰）各自贡献一款酒花的酒花矩阵双倍浑浊 IPA、用实验酒花 HBC 586 酿的大佬浑浊 IPA、用新鲜采摘的湿酒花酿造的鲜花浑浊 IPA，还有酒精度高达 12.8% 的高风险区四倍浑浊 IPA，以及"解封"之后的苦尽甘来帝国 IPA。

范金对烈酒的热爱丝毫未减，他在明日酿造厂房安装了一套蒸馏设备，还采购了各式各样的橡木桶、黄酒坛，试验啤酒与烈酒、东西方文化跨界结合。他用酿啤酒的大麦芽发酵了麦汁，用热的酒精蒸汽萃取檀香木的香气物质。这款结合了啤酒、威士忌、金酒工艺的烈酒，檀香浓郁，据说有人喝了之后"一口入定"，自称"化身为佛珠"，因此得名心中有佛。

范金也许是最早将啤酒放入黄酒坛陈放的酿酒师。在他看来，橡木桶和黄酒坛，最初都是给酒提供缓慢氧化环境的容器而已。黄酒坛既然可以放黄酒，为什么不能放啤酒？或者反过来，为什么黄酒不能放在橡木桶中陈放？他先用黄酒"养"橡木桶，之后再将大麦酒放入陈放过黄酒的橡木桶中，以橡木桶为媒介，融合黄酒和大麦酒的风味。范金是崇明人，这些年，他用崇明大米作为辅料酿了多款啤酒。他还在研究如何用米酒的酒曲参与发酵，试图在微生物的层面酿造出中国本土风格的啤酒。

想法太多，发酵罐太少。老范永远不缺新的创意，明日一定有新的惊喜。

🍷 推荐酒款

朦胧的梦浑浊 IPA

酒精度: 6.6% ABV

明日酿造的经典作品。桃子、芒果和柑橘水果风味突出，轻微的麦芽谷物、面包香气，口感圆滑，收口干脆利落又不失果汁感。明日入门，从这款酒开始。

三碗不过岗**比利时三料**

酒精度：9.1% ABV

香甜的谷物、面包的麦芽香，发酵产生的丁香、辛香和柑橘香，伴随温和的酒精感。酒体顺滑，收口干爽。柔美的口感极具欺骗性——对于小酒量来说，用不着三碗，一碗就够了。

杭州

或不凡

2004年，浑浊 IPA 在美国的新英格兰地区诞生。和传统的美式 IPA 相比，浑浊 IPA 的酿造门槛更高。直到现在，有时我们还会喝到外观不浑浊的浑浊 IPA。现在已经很难考证谁酿了中国第一款浑浊 IPA，但第一款易拉罐的浑浊 IPA 可能诞生在2017年9月30日。

这款浑浊 IPA 叫君不见，由一个当时刚成立不久的杭州厂牌酿造。厂牌名"或不凡"，是英文"Hopfan"（酒花爱好者）的音译。显然，这是一个爱酿酒花类啤酒的厂牌。"君不见"一经推出便大受欢迎，或不凡又立马推出了更重口味的双倍浑浊 IPA 黄河之水，以

▲ 谢广华

▲ 广华也经常通过对标进口酒来改进配方

141

及更清爽的天上来。喝了君不见，你总归想要试试这两款。

现在，或不凡已经有20多款常规啤酒。创始人谢广华显然是李白的"迷弟"。除了"君不见三部曲"，当然还有奔流到海和不复回，自然也有高堂明镜悲白发的三联杯，等等。如果说李白的血液里流淌着酒，或不凡的酒则里承载了李白的诗。这些酒的名字并不都是生搬硬套的。作为一款双倍浑浊IPA，"黄河之水"的麦汁浓度和酒精度数都很高，黄色的酒体浑浊厚硕，酒花香气滔滔不绝如黄河水。杯莫停（取自诗中"杯莫停"）是一款入门级的浑浊IPA，口感清爽，酒精度和价格都比较低，让人很难停下来。不复回是或不凡的单一酒花实验系列，每次尝试一款新酒花，之前酿过的也就"不复回"了。

▲ 把诗歌酿成酒，和李白干一杯

在大多数厂牌还只有桶啤的年代，或不凡就开始做易拉罐。倒掉十几吨酒之后，或不凡终于掌握了罐装技术。但广华认为，"易拉罐上包覆的这层东西是更难的"。除了酒名，设计上如何能够给消费者好的品牌体验，广华做了各种尝试。最终，或不凡还是在中国古代的画作中找到了灵感，并确立了现在的国风画作酒标设计。"黄河之水"酒标取自明代周臣的《北溟图》，"天上来"酒标是取自莫高窟壁画《飞天图》，"朝如青丝"酒标则取自唐代周昉的《簪花仕女图》……酒名和酒标做到了系列感，易拉罐摆在冰箱和展示柜里非常显眼，一看就知道是或不凡的酒。

🍷 推荐酒款

黄河之水双倍浑浊 IPA

酒精度：8.2% ABV

突出的柑橘、西柚、芒果香气，香甜的麦芽风味提供了有力支撑，酒体浑厚，果汁感强。高酒精度带来了一些酒精的温润感。

君不见浑浊 IPA

酒精度：7.2% ABV

明亮的橙色、浑浊的酒体，较强的柑橘、芒果、蜜瓜等热带水果风味，伴随一些松针的香气，还有轻微的面包香气。口感顺滑、苦味较高，但很快被甜味所平衡，果汁感强。（由于商标注册问题，"君不见"现已改名"君"。）

纸飞机酿造

看到纸飞机，也许每个人都会想到童年趣事。精酿厂牌纸飞机也是一个年轻的品牌。创始人江海和郭鹏是高中同学，对于他们来说，"纸飞机是有多大力就能飞多高的一个东西。我们希望用自己的努力，使这架飞机飞得更高、更远"。

▲ 江海

江海是酿酒科班出身，但最初并没有想学酿酒——高考时以几分之差错过了作为第一、第二志愿的法学和宝石鉴赏，被调剂到了酿酒工程。军训时，"班助"拿来的一桶德式小麦，让他爱上了啤酒，并放弃了为爸爸酿白酒的想法。

江海还在学酿酒的时候，郭鹏已经是一家软硬件科技公司的销售了，客户是监狱和戒毒所。每天和机关单位打交道，虽然年纪轻轻，整个人的状态却好像有三四十岁。2018年底的一个深夜，江海给郭鹏打电话说了创业想法，郭鹏觉得，"这是一个年轻人应该干的事情，必须得干"。

成立纸飞机之前，江海就已经在喜盈门啤酒厂*的精酿产品线担任酿酒主管，但直到开始做自己的品牌，他才感受到前所未有的压力。在小设备上反复验证过的配方，放到一吨的商酿设备上，效果总是不尽如人意。历时大半年，试了六七个批次，他终于酿出了一款满意的酒。

这款飓风浑浊 IPA 面世后大获成功，以至于在之后相当一段时间里成了纸飞机的代名词。直到今天，还有早期的客人来问郭鹏："有没有纸飞机（飓风）？"

一战成名后的纸飞机，依然慢慢飞，几年下来，也逐渐积累了比较完整的产品线，像"浅水"皮尔森、"毛毛雨"淡色艾尔、"轰炸机"帝国 IPA、"橙风破浪"比利时小麦……整体而言，纸飞机的酒比较注重平衡性，增味原料用得收敛一些。

---

*　位于浙江嘉兴的喜盈门啤酒厂。众多精酿品牌都曾借助喜盈门酒厂的酿造车间和生产许可证酿酒，因此喜盈门被称为"中国精酿硅谷"。

和相对保守的酿酒思路相比，纸飞机的品牌表达则显得十分"激进"。2021年底，纸飞机发布了以黑色、紫色为主色调的品牌视觉，非常有先锋感。几个月之后，由于这套视觉用在啤酒上显得过于高冷，他们又发布了一套品牌视觉，同时将所有酒款重新命名——不再有中文名，而是采用字母和数字的组合！

▲ 纸飞机的"可爱啤思"

"C"系列是"Classic"（经典），代表纸飞机经典酒款，全部是酒花类产品："C#1"社交 IPA，"C#2"西海岸 IPA，"C#3"酸 IPA，"C#4"浑浊 IPA（即原来的"飓风"）等；"S"代表"Seasonal"（季节），命名以时令食材、节日元素酿造的季节限定产品，如"S#1"桃子香草淡色艾尔，"S#2"玫瑰荔枝酸艾尔等；"I"是"Inspired"（灵感），用各种各样的增味原料拓展边界；"D"是小批量实验的"Dionysian"（狄俄尼索斯）系列；可能是哥儿俩还觉得难度系数不够，所以将挑战难度进一步升级——如果实验款的反馈不错，还会变成常规款。例如，现在的"C#6"，曾经叫"D#2"……

据说，这样命名是为了让大家聚焦在酒本身，但是不是有些矫枉过正呢？每次看到郭鹏，我总忍不住调侃一番。玩笑归玩笑，我依然希望纸飞机一直保持个性，沿着自己的轨迹向前飞。

推荐酒款

C#2西海岸 IPA

酒精度: 6% ABV

典型的美式酒花，具有柑橘、葡萄柚、松针香气以及一些大地的气息。麦芽的选择和用量恰到好处，既支撑了酒花风味，又没有喧宾夺主。苦度适中，酒体略淡，既体现了西海岸 IPA 的特点，同时也比较适合畅饮。

I#可爱啤思

酒精度：3.3% ABV

"可尔必思"（Calpis）是日本的一款经典的乳酸菌饮料，这款"可爱啤思"以可尔必思为灵感，分别加入柠檬汁、白桃果酱和草莓汁，和发酵乳一起发酵，最终得到了三款乳酸菌啤酒。酸酸甜甜，还原度极高。没错，这就是成人版的"可尔必思"。

TASTEROOM 风味屋

杭州人对桂花有特殊的情愫。四三在天津酿了一款"满陇桂雨"，但更被大众所知的桂花啤酒，莫过于瓶标上印了一个"桂"字的桂花小麦。

这款桂是老潘（潘贯明）和他的合伙人大头在2016年刚成立TasteRoom 风味屋的时候，尝试的第一个配方。老潘是一位设计师，而大头是 Fine Art 艺术家。2015年夏天，设计工作室没什么生意，而他俩又喜欢喝酒，便萌生了自己尝试酿酒喝的想法。选择啤酒的原因非常简单——"三姑六姨都在酿黄酒、米酒、白酒甚至葡萄酒，但就是没有人酿啤酒。我们觉得出去说自己在酿啤酒会很酷，于是就去找资料，酿啤酒。"老潘说。

老潘要做"简单快乐的酒"。以"桂"为例，即使是没喝过精酿啤酒的"小白"，也能非常清晰地感知到桂花的香气，而不会有挫败感。"传统啤酒里面大部分味道都太难懂了……我们讲的那些味道，大部分人其实喝不出来，他们没有熟悉感，就不会那么开心。"

两位创始人都是创意工作者，自然对酒标下了大功夫。这款"桂"的酒标，老潘和大头轮番上阵，前后改了3个月才最终定稿。第一次装瓶去做活动，现场就有人兴奋地拿着瓶子拍照，瞬间成了一个"小爆款"。

从"桂"开始，TasteRoom 陆续推出了更多"中国风味系列"啤酒。花椒是中国特有的香料，TasteRoom 酿了一款麻椒小麦，其中添加了青红花椒——青花椒提供香气，红花椒贡献麻的口感。《本

▲ 桂

草纲目》记载，"以姜浸酒，或用姜汁和曲，造酒如常。"于是就有了一款冬日良姜，在三款小麦啤酒的基础上加入良姜，香甜的麦汁散发出良姜的木质气息，伴随一丝辛辣，主打一个朋克养生。

"风味实验室"系列，包含了 TasteRoom 这些年尝试下来的各种增味的脑洞。"既然很多酒花都有柑橘类香气，再往里面加点橘子呢？"抱着试试看的想法，老潘酿了一款酒花橙子，在拉格啤酒中加入橙汁、柑橘皮和橙油，辅以柑橘导向的酒花。这款成人版的橙子汽水，清新而不失热烈。除了冬日良姜，黑糖肉桂苹果派是另一款尤其适合冬天喝的酒。在果酸感十足的西打酒中加入云南黑糖、肉桂粉，还有一点盐，这款酒可以冷着喝，也可以加热喝，成为一款西打版的热红酒。

果汁加多了，麦汁的味道就被弱化。对于想要"简单快乐"的成年人来说，有时候是不是"啤酒"也不重要。因此，TasteRoom 酿了各种各样的水果增味西打。2023年，干脆将西打产品线分出来独立运作。老潘认为，"专业的酒饮公司，给全套解决方案。精酿，小甜水，两手抓，两手都要硬。"

🍷 推荐酒款

山核桃可可波特

酒精度：4.8% ABV

这款酒在酿造过程中加入了临安的山核桃和南美的可可豆。明显的焦糖、核桃、巧克力的香气。酒体适中，口感顺滑，并不甜腻，是一款毫无压力的"黑啤"。

酸 Q 酸浑浊 IPA

酒精度：8% ABV

一款未增味的酸浑浊 IPA。酸橙、柠檬、西柚风味为主，带有一些松针、草药的香气。酸度清新明亮，水果酯香突出，收口略显干涩。8%的酒精度，一杯上头。

绍兴

山乘酿造

作为中国的"黄酒之都"，绍兴及周边区域的酒文化源远流长。早在9000年前的桥头遗址，考古学家就发现了使用发霉大米（酒曲）、熟大米、薏米以及根茎类植物的酿酒痕迹。

2020年6月，在距离桥头遗址不过百公里之遥的嵊州，一家叫"山乘"的精酿啤酒厂成立了，创始团队几乎都是"90后"。创始人袁恺曾在英国留学。一次偶然的机会，他在公寓楼下的酒馆

▲ 袁恺

喝到了健力士，从此爱上了啤酒。他利用暑假时间去都柏林的酒厂
"搬麦芽"，回国后成立了山乘。短短两年时间，山乘异军突起，成
为立志"击倒暴龙"*的一股新势力。

"鸭屎香"是广东的一种单枞茶。一些茶饮品牌发现了这个名字
的流行潜质，纷纷推出了相关饮品。受此启发，山乘也酿了一款添加
了鸭屎香增味的嘎嘎鸭屎香柠檬西打，一经推出便成为爆款，至今也
是山乘最畅销的产品。尝到了甜头的山乘，从此紧追茶饮行业的热
潮。鸭屎香火过一阵之后，
茶饮品牌开始炒"油柑"。
山乘顺势推出了白毫茉莉玉
油柑酸艾尔，除了添加油柑
汁，还低温冷萃了白毫茉莉
花茶的风味。这类添加茶和
果汁的"普世性啤酒"，被
山乘归类为"艺术闪击"系
列。在酒标设计上，每款酒
也"闪击"一款艺术风格，
比如古典雕塑、现代电影、
日本浮世绘、木刻版画甚
至 FC 红白机的经典游戏。

但千万别被这群年轻人
骗了——他们可不满足于只
做"小甜水"。除了"艺术
闪击"，山乘还有一个酒花

▲ 山乘的"艺术闪击"系列酒标设计

---

* 山乘的一款酒名。"暴龙之王苏"是美国"击倒巨人"酒厂出品的一款双倍干投帝
国浑浊 IPA，由于酒花香气浓郁，被认为是该品类的标杆。山乘认为，生物转化
让旧时代那些酒花巨兽般的 IPA 不再具有绝对优势，有生物转化的利刃在手，足
以"击倒暴龙"。

类产品的"远洋"系列，设计上带有浓郁"海贼王"风格，一律采用黑色易拉罐，酒标背面还暗藏了一幅"远洋"全系列产品的故事线。其中一款击倒暴龙将山乘的野心暴露无遗。山乘认为，"如今的浑浊IPA已然不是仅依靠拿着新鲜酒花互相撕咬的蛮荒时代。有生物转化的利刃在手，与酒花猛兽一战的火种已埋下！"

带着大家的希望，佩上最好的剑，驾驶最快的船，我们要越过最高的浪，闯进最神秘的海域，完成**伟大征途**。海上我们遇到了像一座浮动岛屿的海怪**克拉肯**，无数伤痕见证打怪升级的胜利。第一站来到了**骷髅岛**，一路海浪伴随，只有月光指引前路。海神体恤，为我们送来了**王的果实**，它是王冠，是馈赠，在到达之前，它好像无火的狼烟。下一站，进入失落之地的丛林深处，**击倒暴龙**，去争夺血与荣耀的勋章。行驶在伟大航路上，未来会遇到什么？是风雨，是彩虹？是陷阱，是武器？唯一不变的是远方，是未知，是不止步的酿造之旅。航路向前，酿造继续……

▶ 文字由山乘提供, 加粗文字为酒款名

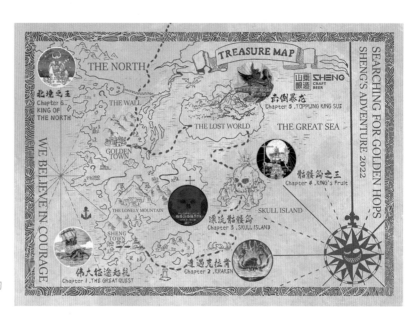

▶ 远洋系列的酒标背面

　　山乘，取自嵊州的"嵊"，将"乘"字继续拆分，就得到了"北禾"。山乘的子品牌"北禾手作"，专门酿造野菌啤酒，经常会将"艺术闪击"酒款中的酿酒酵母替换成野菌发酵，往往会有出人意料的惊喜。比如柿子啤酒、玉油柑啤酒的野菌版本，都是进口野菌啤酒中喝不到的味道。

　　袁恺的研究生专业是供应商管理。成立山乘之后，他"用制造业的标准把控快消品的成本"。随着产量提升、成本得以降低，他在2023年初主动为经销商降价，一纸《降价通知》着实"卷"了一回友商。几个月后，山乘发布了一款"拒绝蕉绿"，创纪录地在400多家精酿酒馆首发，再次让友商们感到焦虑。

　　从酒款的风味到表达，你能感觉到，山乘的团队是一群斗志满满的年轻人。虽然偶尔也会犯一些小错误，但是他们挑战权威、打破规则的态度，并为之付出的努力，或许正是精酿啤酒的精神。

推荐酒款

嘎嘎鸭屎香柠檬西打

酒精度：3.7% ABV

清新的柠檬香和暗沉的乌龙茶香结合，苹果汁发酵，甜度中高，但茶叶中的单宁提供了恰到好处的涩口感，收口舒适，茶香四溢。喝多了酸水果，不妨试试这款成人版的冰红茶。

逛三园果缤纷酸艾尔

酒精度：4% ABV

这款"轻果泥"加入了菠萝、百香果、蜜柑、橙子、芒果、青柠、杏和苹果汁，以及少量的番石榴和香蕉果泥。各种水果风味交织，橙子与百香果的香气尤为突出，带有轻微的回甘和淡淡的果酸余味，不失为一款简单、轻松的水果气泡饮。

厦门

沙坡尾酿造

厦门的沙坡尾一带是福建精酿的发源地。早期的厦门港是一处弧形的海湾，金色的沙滩呈月牙形连成一片，称为"玉沙坡"。"沙坡尾"就是这段沙滩的最末端。这里曾经是远近闻名的渔港，现在是一个叫"艺术西区"的创意园区。年轻人们喜欢在这里聚集，喝咖啡，听音乐，看展览，逛市集，当然还有喝啤酒。

沙坡尾酿造2020年才正式成立，短短几年时间已经成为厦门精酿的代表。创始人小黑（黄育生）很喜欢喝啤酒，便找到了当时在厦门已经小有名气的酿酒师"十五"（房海军）学习酿酒，后来二人联合创办了沙坡尾酿造。

沙坡尾酿造洋溢着浓浓的闽南风情。在酿造时，十五经常会加入一些闽南特色的原料，例如咸腌桃、话梅和海堤老枞水仙等。在命名上，沙坡尾酿造也喜欢用闽南话来表达。例如和野鹅微醺联合酿造的斗阵七淘，是闽南俗语"一起玩耍"的意思；加了金橘柠檬的金包柠酸啤酒，则是取自闽南特色小吃"金包银"。

小黑曾经是位职业的散打运动员，因此沙坡尾精酿和运动也有很强的联结。位于观音山梦幻沙滩的沙坡尾酿造旗舰店，门口就是一片滑板广场。

看起来十分腼腆的十五是一位"宠妻狂魔"。为了带时任女友"入坑"，十五用她喜欢的芒果、百香果和黄桃，酿了一款水果风味浓郁的酸啤酒。女友名字中有一个"梦"字，十五便将这款酒命名为梦小姐。梦小姐本人表示十分感动——但还是不喜欢喝。不过，十五没有白忙活，这款酒现在成了沙坡尾的代表酒款之一。

2021年，沙坡尾开始了"双沙计划"，并在次年升级成"弍沙计划"，将厦门特色的沙茶面、沙虫（土笋冻），当然还有沙坡尾酿造

▲ 小黑拎着一箱食材来上海做沙茶面

▲ 酱香旺来凤梨古斯酸艾尔，喝起来有酱香型
白酒的味道

的酒带到全国各地。小黑用行李箱拖着这些食材，飞到每一站，为大
家烧汤煮面，这是福建人的"爱拼才会赢"。

推荐酒款

梦小姐果汁酸浑浊 IPA
酒精度：6% ABV

酿酒师给另一半酿的酒，用料都比较狠，一般也不会太难
喝。这款酒里添加了大量的芒果泥、百香果汁和桃汁，酒体
非常浓稠。虽然这款酒的酒精度有6%，但喝不出来什么酒
精感，更像在喝一杯带有百香果香气的芒果汁，口感绵密顺
滑，酸甜可口。

▲ 梦小姐

金包柠酸小麦啤酒
酒精度：4.5% ABV

"金包银"是闽台地区的一款小吃，也是一首闽南歌曲。这

款谐音的"金包柠",自然是添加了金橘和柠檬。柔和的乳酸感和清新的青柠果酸十分融合,果汁还原度很高。在果汁主体背后隐约可以感觉到麦芽的面团味,回口还有一些酒花或果皮的苦涩感。炎炎夏日,没有人会拒绝这样一款冰镇的金橘柠檬"汽水"。

臭迪酒花皮尔森
酒精度: 5.2% ABV

沙坡尾太擅长酿闽南特色的水果啤酒了,以至于常常会让人忽略他们的酒花系列产品。"臭迪"是"臭小子"的意思,是闽南长辈对男孩子的爱称。这款酒可一点儿都不"臭"。轻盈的酒体之中,散发出类似于柑橘的水果香,伴随一些花香。喝下去还能感受到一些麦芽带来的面包风味,收口是酒花的微苦。酒花风味充沛,十分爽口易饮!

▲ 臭迪

福州

山石麦啤

2017年,一位叫 House(吴昊)的福州小伙在沙坡尾开了一家酒吧。由于人缘好,又不好意思收同行的钱,House 的酒吧很快就成为那一带的酒吧老板们凌晨下了班去喝酒的地方。"卖"酒不收钱,注定无法长久。一年之后,酒吧果然开不下去了,但 House 在那一年认识了很多精酿从业者。从一个微信群开始,House 顺手成立了"福建精酿啤酒协会",被推举为会长并连任至今。

去 House 酒吧蹭酒喝的,就有另一位在沙坡尾开店的福州老乡 Tony(林时超)。当时,Tony 在沙坡尾开客栈,空闲时间特别多。看到"胖胖啤酒马"夫妇推三轮车卖啤酒,Tony 觉得很有意思,便开始研究家酿，和老婆一起酿了一锅小麦。虽然第一批酒染菌酸掉了，但 Tony 从此开始钻研，走上了酿酒之路。

House 的酒吧歇业之后，总归要做点儿什么。恰好当时 Tony 也准备回福州，陪老婆生孩子。两人一拍即合，决定合伙开个前店后厂的精酿酒吧。当时，Tony 已经在福州开了一家叫"兔子洞"的餐吧，但酿酒设备跟不上。两人怀揣5万块钱去山东买设备，一不小心花了300多万。

设备都买了，只好开个酒厂。福州盛产寿山石，一种晶莹脂润的石材，经常被用来做印章。他们觉得寿山石很能体现福州特色，就把酒厂命名为"山石麦啤"。那一年，House、Tony，还有后来加入的一位合伙人阿鬼（高扬）都差不多30岁，正好与"山石"谐音。

如同酒厂名字，山石的酒从原料到命名、包装，都很"土"，并透露出浓浓的福建特色。山石最先罐装的是一款叫作發的美式小麦啤酒，包装就是一个麻将牌的"發"，还有一个麻将牌的"炮"，都是每年春节送礼的热销款。

山石也很会用福建及周边特色的原料来酿酒。福建人爱青橄榄，

▲ 家酿时期的 Tony

▲ 啤酒事务局和山石麦啤录制节目。桌子右侧左起分别是 Tony、阿鬼、House

CHAPTER

03

跟着啤酒去旅行

155

山石就酿了一款橄榄西打。闽北有一座极度推崇桂花文化的古邑浦城，被称作"桂花之乡"。山石就用浦城桂花酿了一款阿桂桂花小麦，比其他地区厂牌的桂花啤酒要香甜许多，据说也反映了福州人嗜甜的口味。

🍷 推荐酒款

旺来盐渍凤梨古斯
酒精度：4.3% ABV

对于福建人来说，夏天不能没有凤梨，就像北方的冬天不能没有火锅。"旺来"是闽南语凤梨的意思。这款酒开罐就能闻到凤梨的清香，酒体和甜度都恰到好处，收口微咸。比较好地还原了凤梨汁的口感，又不过于厚重。

▲ 旺来

橄榄西打
酒精度：3% ABV

一款用苹果汁发酵的西打酒，添加了福建人都熟悉的青橄榄。清新的橄榄风味，西打的甜美平衡了青橄榄的苦涩，收口回甘，十分顺滑。

马告山胡椒淡色艾尔
酒精度：5.5% ABV

"马告"是台湾泰雅人的传统香料，又称山胡椒。山石用马告酿的这款淡色艾尔，闻起来有轻微胡椒和香茅的辛香，以及柠檬、柑橘的水果香气，收口有微微的辛辣感，非常有民族特色。

广州

保霖精酿 Bravo

2008年，王智（Rocky）觉得"在广州混不下去了"，便只身来到加拿大东部小城 Guelph（贵城）留学。既然要读英文专业，不如融入当地人的生活，沉浸式学习。于是，Rocky 给自己找了个寄宿家庭。男主人是一位退休的大学教授，当时已经70多岁了，平时就在家里的地下室酿啤酒，卖给镇上的4家酒吧。Rocky 并不知道他在捣鼓些什么，但本着练习英文的目的，最终还是问明白了。

"在地下室酿的酒能有多好喝？要不要我带瓶'珠江'给你尝尝？"从最初的不解、好奇，到给老教授搭把手、自己买资料学习酿酒，Rocky 对啤酒的兴趣与日俱增，饭桌上的那杯水也悄然升级成了淡色艾尔。

此时，700多公里外的芝加哥，他未来的合伙人沈伟（Wayne）也正在精酿酒吧"了解当地文化"。Wayne 的背景可以说是"根正苗红"。他家里的企业就是生产啤酒设备的工厂，本科专业在江南大学学习发酵，大三的时候还去珠江啤酒厂实习。但直到在美国形形色色的精酿酒吧"体验生活"之后，他才下定决心要从事啤酒行业。

两人回到广州后相识，并一起创立了"Bravo"品牌。最初，Bravo 连中文名都没有。由于担心外地人不愿意买另一个城市的酒，所以他们并没有想到要做一个广州的精酿厂牌。"后来发现这个想法全错，精酿品牌就是应该要有地域特性。"王智说。

当时，Bravo 的店在一个叫保林公馆的小区里。广州人都知道"水为财"，而啤酒大部分又都是水，于是取名"保霖"。

取了中文名之后，Bravo 开始变得"越来越广州"。保霖曾和牛啤堂一起，用煲汤的方法做过一款脑洞清奇的鲍鱼炖鸡赛松啤酒，在熬煮麦汁的时候直接投入了300只鲍鱼，4只鸡，还有煲汤的调

▲ Rocky 和银海将老母鸡投入麦汁，酿造鲍鱼炖鸡赛松

料……最终成品喝起来确实有鲍鱼和老母鸡汤的咸鲜味。

2021年，保霖自己的酒厂在佛山投产。摆脱了代工的种种限制，产品更加稳定，产能问题也彻底解决了。一方面酿造更适合大众市场的产品，另一方面，保霖开启了"沙胆行动"。"沙胆"是粤语中敢拼敢做、不多考虑的意思。"沙胆行动"是小批量实验酿造计划，用天马行空的原料和酿造方式，不计成本地探索未知与创新。从带有青柠、浆果香气（但并未放果汁）的创新型皮尔森，到用了硫醇化酵母、水果香气突出的 IPA，"沙胆行动"持续带来了惊喜，也让外地的酒友们垂涎不已。

推荐酒款

镜花水月科隆啤酒

酒精度：4.8% ABV

一款简单、干净的科隆啤酒。洋溢着贵族酒花的花香和辛香，以及谷物、面包的香气。喝起来相当干爽，酒花苦味悠长。

耐撕荔枝水果艾尔

酒精度：3.5% ABV

在广州，十几块钱就能买到一大袋新鲜的荔枝。拎着荔枝，在树荫下漫步，找到一个安静的角落一颗接一颗吃掉，惬意极了。这款荔枝风味浓郁的"小甜水"，还原了我对广州夏天的记忆，也是我喝的第一款保霖精酿的酒，当时还是代工的瓶装版本。2022年，"耐撕"配方改版，香气更加清新自然，甜度也有所降低。

杨枝甘露奶昔 IPA

酒精度：7.3% ABV

这款奶昔 IPA 里加入了芒果、西柚果泥和西米，还拼配了椰香的啤酒花。酒体浓稠（生啤比罐装版更厚一些），接近芒果酱，散发出甜美的芒果气息、椰香和奶香；收口的酒花苦味，完美平衡了果泥的甜腻感，还原程度非常高。

疯熊

2017年，关中魏（魏战元）去柏林的时候在北京转机，无意中在北京接触到了精酿啤酒。看着店里的酿造、发酵设备，他的身体和情感都在这一刻产生了化学反应。

第二年春天，关中魏签下了广州老城区的一间小小铺面。这家店在一棵芒果树下，一个精酿厂牌的种子就此落地发芽。从20升的家酿设备开始摸索，他很快就酿出了味道还不错的世涛，甚至还在专业啤酒比赛上拿了奖。

当一个厂牌有受到认可的品类，一个聪明的做法是将其作为特色，推出更多类似的产品。但老魏偏不——"淡色啤酒和世涛工艺接近，如果只能做出好的世涛（而做不出好的淡色酒），只能说世涛也错了"。这个拧巴的西北汉子下决心钻研淡色酒，在整整两年的时间里，一次世涛也没酿过。经过对整个工艺流程的重新梳理，他终于做出了大家喜爱的淡色酒款。2022年，当老魏再做世涛时，产品表现力也更佳了。他把这款酒命名为夜太浓，致敬每一个在暗夜中坚定前行的人。

老魏以前是一名设计师，在他看来，设计师和酿酒师很像，"虽然技术是基础，但并不是全靠数据堆积出来的东西，也要有一定的艺术追求或者素养。"他很喜欢尝试一些新技术，酿一些不一样的酒花和拉格类的啤酒。疯熊有一个"未来西海岸"的西海岸 IPA 系列，只用基础麦芽（而没有特种麦芽），最大程度降低了麦芽对风味的扰动，把舞台完全留给酒花，口感也更加干爽。投入干邑橡木片熟化的木蓝橡木熟成无硫拉格，喝起来有淡淡的水果香气，清新之余又有韵味。

除了这些硬核技术流啤酒，疯熊也有一些更适合入门的酒款。我第一次喝到疯熊的酒，就是一款低俗小说戒糖版黑莓陈皮香草柏林酸小麦。在"果泥"盛行的时代，一个控糖爱好者喝到一款残糖极低的水果啤酒，十分快乐。

人生四味，酸甜苦辣。疯熊的一款四味酸甜苦辣，让不同人喝到了不同的味道。这是加了一款添加了芭乐、泡椒的艾尔啤酒。老魏发现不同地区的客人喝这款酒时的反应大不相同，比如湖南人最喜欢里面的辣，广东人更能欣赏其中的甜。这款酒让他意识到，"口味是主观的，我们真的需要尊重不同人的口味。"

尊重并不意味着迎合。"如果一直只卖好卖的酒，表面上看好像我们是在满足客人，但从长远来看，其实也是在让客人对这个东西慢慢失去兴趣。"也许是因为苦，或对"黑啤"的刻板印象，很多客人都不喜欢世涛。老魏酿了一款白莓白世涛，用咖啡豆增味，营造类似世涛的风味，酒体却是金色。之前不喝世涛的客人适应了这款酒，也开始点世涛。

"有些酒确实不太好卖，但它

▲ 四味

的存在是有意义的，因为它让客人感受到了精酿啤酒的多样性。"老魏开始酿酒，就是因为爱上了精酿啤酒的多样性。他会将"冷门"酒一直酿下去。

🍷 **推荐酒款**

松西海岸 IPA
酒精度: 7% ABV

透亮的金色酒体，明显的松木、花、大地的酒花香气，轻微的谷物香气和硫味，苦味中高，口感干爽。

离离浑浊 IPA
酒精度: 7% ABV

仅使用了基础麦芽。酒体轻盈，有柑橘、西柚、橙子等热带水果和白葡萄的香气，淡淡的硫味为香气增加了些许复杂度。口感圆滑，碳化程度较高，清新爽口，苦味适中。

深圳

E.T. BREWERY

2011年，Erique（杨明晖）从深圳大学毕业，去美国读研究生，将社团会长的位置传给了 Terry（谢挺）。一年后，Terry 如期毕业，去英国留学。留学、工作期间，两人不约而同接触到了当地的啤酒文化。英国是啤酒的旧世界，Terry 很喜欢英国人对传统啤酒的坚持和酒馆里的社交氛围。在大洋彼端的美国，精酿啤酒的创新更多。Erique 看到同事在家里酿酒，从此在心里埋下了一颗种子。

2015年底的某个午后，当时已经回深圳工作的 Terry，正烦躁地对着电脑写 Excel 公式。Erique 打来电话："我回来了，咱们干点什

▲ Erique（左2）和 Terry（左3）

么?" Terry 在这头说："咱们喝点什么?"

两人在福田的一个酒吧相聚。一边喝 IPA，一边聊这些年各自的经历。再次相聚是在深圳的一家自酿酒吧，两人一杯接一杯，面对500升的发酵罐，突然同时沉默，心头泛过同一片涟漪。

Erique 开始钻研家酿啤酒。一向认真工作的 Terry 也忍不住开始在上班时间摸鱼——刷58同城。大学期间，海岸城附近曾经给两人留下很多美好回忆。2016年"平安夜"，美好回来了：海德三道60号，"E.T."开业。那个晚上，客人多到整个店里没有落脚之处。他们感受到了这个城市对好啤酒的渴望。两人都没喝醉，"酒酣风物，不醉人心"。及时行乐，也要知足常乐。

从大学到毕业后工作，两人一直在同数字和逻辑打交道。Erique 从事财务管理，Terry 则是知名咨询公司的咨询师。"连中午下楼吃饭，老板都会问你，今天为什么吃这个? 昨天为什么吃那个? ……逻辑不是没有意义，但只存在于已知的事物里……这个世界好像永远是我已知的东西，就像鸡蛋翻来覆去地炒，但其实还是那个蛋"，Terry 说。

两人都厌倦了"凡事讲逻辑"的状态。他们英文名首字母"E.T."，恰好也是外星人（the Extra-Terrestrial）的意思。人类知道的东西，对于浩瀚的宇宙来说是很小的一个部分。他们希望用 E.T. 这个名字启发更多人"反逻辑"，用"外星人的视角"去看待世界。

2017年11月，兄弟俩听说佛山有个酒厂正在拍卖。当时距离开标只有36小时了。2小时思考，7小时睡眠，2小时赶路，1小时了解基本面，24小时中标。E.T. 就这样从自酿酒吧成为了精酿厂牌。

厂牌名叫 E.T.，每款酒的名字、插画自然和外星人相关。几年下来，E.T. 逐渐丰富了厂牌的外星人叙事，Terry 甚至有一个心愿——将 E.T. 外星人的故事写成一部中篇小说。实际上，几年前就有一位客人为 E.T. 写了一首小诗。短短几行，就包含了 E.T. 的10款酒（加粗文字为 E.T. 酒款名）：

那位**凌晨四点**还不睡的**新青年**，闭着眼，在脑子里过着**沉默的交响曲**……

那枕边的**糖果**，好似**最后的水晶**。

我在**第三十五区**的无人地带，与他进行着**追逐游戏**。

你与我**空间错位**，躲在**云边午睡**……

——小卓尔

运营几年之后，E.T. 又建了一个新的酒厂。此后，E.T. 的出新速度明显提高了。在"果泥浪潮"即将过去的2021年底，E.T. 的第一款果泥啤酒落枫和霞姗姗来迟。这款酒以柏林酸小麦为基酒，加入了水蜜桃、西柚、山楂、柠檬四种果汁。几种水果风味层次丰富，入口后柠檬的酸味收敛了甜度，酒体也没有特别浓稠，是一款易饮度很高的轻果泥啤酒。Erique 和 Terry 在西北旅行时发现了神奇的沙棘，强大的根茎系统可以让它顽强生存于干旱和–40℃的极端环境。沙棘的

▲ 新的 E.T.酒厂门口，是一片草地和篮球场

果实味道偏酸，还有独特的莓果风味。他们用北方的沙棘和南方的甜橙，酿了一款石缝之花酸浑浊 IPA。

除了水果，E.T.还在其他方面探索。在一款比利时小麦的配方中，E.T.用青花椒替代香菜籽，用三倍干投的酒花替代橙皮，酿了一款浑浊帝国比利时小麦。端午节前夕，E.T.推出了一款粽叶桂花糯米酒，采用100%糯米发酵，在酿造过程中熬煮粽叶，点缀桂花，清香甘甜，十分应景。

经过几年的筹备，E.T.的桶陈啤酒终于在2023年面世。趁时间不注意是一款野菌发酵的棕色艾尔，在橡木桶陈放了两年时间之后，满载坚果和果干的风味。落日的边界则是一款添加了樱桃、蓝莓，过了红酒桶的莓果烈酒，拥有浓郁、甜美的黑布林、樱桃和巧克力蛋糕的香气，入口是深邃的果酸和橡木桶的味道，伴随葡萄和成熟蓝莓的果香。"八乘八"活动上，E.T.还和澳洲岸花（Wildflower）酒厂合酿了一款部分使用野菌发酵的淅淅沥沥混酿淡啤酒，在满场浑浊 IPA 中意外收获了众多好评。

▲ 落日的边界　供图：绊绊

🍷 推荐酒款

愤怒外星人双倍 IPA

酒精度: 8.5% ABV

一旦在酒名中看到"愤怒""疯狂"这类词,务必要谨慎一些——这大概率是一款硬核的酒。比如这款双倍 IPA,IBU 高达110。不过,由于使用了较多的焦糖类麦芽,焦糖、太妃糖的甜味掩盖了酒花的苦味,并不难入口。经典的美式酒花赋予了这款酒柑橘类的水果香气,伴随些许花香。是一款非常扎实的双倍 IPA。

淅淅沥沥混酿淡啤酒

酒精度: 4.5% ABV

这是 E.T.和澳洲岸花酒厂合酿的酒款,由一款社交型*赛松和一款添加了枇杷的过桶野菌啤酒,按1:1的比例勾兑而成。中度的苹果、梨子的酯类香气,淡淡的生面团以及草本、花香、皮革的"野"味若隐若现,类似柠檬的酸味,明显而不刺激。口感顺滑,苦度适中,稍甜,收口干净利落。

佳卡哈

在中国精酿圈,有一个以西打著称的厂牌——佳卡哈。佳卡哈的创始人是一对跨国夫妇李克(Nick)和彭玲(Penny)。Nick 是新西兰人,曾从事国际物流以及葡萄酒分销工作。他有一个澳洲客户是专业的啤酒酿酒师。2012年,在这个客户的指导下,Nick 开始自酿啤酒。

当时,Nick 和 Penny 都没听过"精酿啤酒",但周围的朋友都很喜欢喝这种"手工啤酒"。由于家酿啤酒无法售卖,两人便有了开店的想法。2014年11月,在租下店铺仅仅20天后,佳卡哈的第一家

---

* 根据《BJCP 分类指南》,啤酒按酒精度分为"社交型(Session; 酒精度4%以下)","标准型(Standard; 酒精度4%~6%)","高度(High; 酒精度6%~9%)","极高度(Very-High; 酒精度9%以上)"。

店"Craft Head"开业了。

佳卡哈名字来源于新西兰土著毛利语"Kiakaha",意思是"相信你自己"。Nick想用新西兰原料,通过新西兰酿造方法,做新西兰啤酒。小批量酿造时期,酿造原料都是Penny去香港背回来的——新西兰酒花、液体酵母……开店一段时间之后,他们发现靠人肉背原料不是长久之计,而在国内又买不到新西兰原料。Nick觉得,既然无法做到100%新西兰原料,就不能随便用毛利语。从此,佳卡哈的英文名便借用了第一家店的名字"Craft Head"。

Nick决定入行精酿行业的时候已经"老大不小"了,不好意思再去酒厂从酿酒助理开始干起,便"四处花钱请师傅,快准狠"。新西兰人口不多,来中国的更是少之又少,但有几位"老乡"已经在中国专业从事啤酒酿造。Nick还去学习芝加哥的酿酒课程,请新西兰知名西打酒和葡萄酒酿酒师来当顾问。夫妻二人白手起家,经常在采购设备时捉襟见肘,但在学习培训上已经花了30多万。

在老乡们的帮助下,Nick的酿酒技术突飞猛进。他先是找到了山东的一家酒厂贴牌生产。但是对方不能定制配方,他又觉得对方的配方过于简单,不能以佳卡哈的名义售卖,于是飞回新西兰南岛老

▲ Nick

▲ Penny

家，终于找到一家合适的代工厂。从此，佳卡哈开始了在新西兰的代工，直到搬到了有"中国精酿硅谷"之称的浙江喜盈门。

西打比啤酒更小众，但是在佳卡哈创业初期，没什么竞争产品，看起来也有更大的市场潜力。十年间，Nick 尝试了各种各样的西打酒，包括使用不同类型的苹果发酵以及水果增味。比如加了蓝莓和树莓的相对论、加了芒果、番石榴和百香果的奇幻岛、加了猕猴桃的让几维鸟飞，等等。Penny 特别喜欢草莓，Nick 就为其定制了一款加了草莓原浆的火星行动。

2019年，浑浊 IPA 正流行。受此启发，Nick 在西打酒中加入了大量的水蜜桃果泥，原本想酿一款"浑浊西打"，不小心创造出了一款风味浓郁、酒体浓稠的"果泥西打"。Nick 觉得"好喝到快哭了。但这么浓稠，没有酒吧会要吧！"用离心机离心之后，酒体仍然很浓稠。Penny 看到 Nick 发来的视频，也觉得"不像是个酒"。于是，Nick 只好痛苦地将那吨不知如何定义的酒倒掉了。他们并没想到，两年之后，果泥啤酒会在国内大行其道。

对于水果增味型西打来说，水果的还原度非常重要，必须要用真材实料的优质水果。如果要在此基础上带来更高级的审美享受，酿酒师还要有一些巧思。将中国最早的果泥西打倒掉之后，Nick 调整配方，降低了酒体厚度，推出了现在的一桃二醉。这款酒中除了加入水蜜桃果泥，还干投了西楚、马赛克和亚麻黄酒花。这些酒花产生的热带水果和水蜜桃类似，又增加了一些复杂层次。采用的 Conan 啤酒酵母经常用于发酵浑浊 IPA，产生类似桃子、杏子香气的酯类物质，让这款酒在饮用的不同阶段、不同温度之下，桃子味道表现得更加丰富，耐人寻味。

由于罐装线产能有限，佳卡哈目前的易拉罐产品只有西打，因此很多外地酒友对佳卡哈有了"西打厂"的印象。虽然这是对佳卡哈西打的认可，但 Nick 却十分不服气。他是家酿啤酒出身，平时最喜欢喝干爽的皮尔森和西海岸 IPA。直到现在，佳卡哈仍然保持着8款常规啤酒产品。从新西兰皮尔森到硫醇化 IPA，这几年流行的啤酒风格，Nick 都没错过。他酿过一款大麦酒，使用树莓增味，用冰馏工艺将酒精度提高到21.5%，然后在波本桶中陈放。

喜盈门里有很多拥挤不堪的酒厂，佳卡哈也不例外。曾经作为这里面积最小、坪效最高的厂牌，如何解决产能问题，一直困扰着夫妻俩。命运之神再次为 Nick 安排了一个老乡——一个新西兰老板恰好在喜盈门有一个闲置厂房。2022年，佳卡哈成功接手这个厂房，令邻居同行们羡慕不已。

现在，佳卡哈有足够的空间酿各种各样的酒。用苹果酿水果蜂蜜酒，用日本柚子做汤力水、预调金汤力，发酵康普茶，甚至推出了气泡水……当你下次在啤酒节看到 Nick，千万别只夸他的西打了！

推荐酒款

一桃二醉西打
酒精度：4.7% ABV

香甜、新鲜的水蜜桃风味，还有一些柑橘类水果的香气。酒体顺滑，还原了水蜜桃的果肉感。收口微苦，甜而不腻，在桃子、苹果和酒花之间完美平衡。

▲ 白白嫩嫩

白白嫩嫩荔枝椰子乳酸菌西打
酒精度：4.2% ABV

除了投入烤椰肉，Nick 还为其搭配了一款类似味道的酒花。这一次，理所当然是原本就有椰香的夏洛酒花，另外还添加了荔枝。贯穿始终的椰香，搭配荔枝和苹果的清甜，以及乳酸菌柔和的酸味，十分适合入门爱好者。虽然不能"从小喝到大"，但是现在开始也不晚。

半吨

深圳是一座充满活力的城市，五湖四海的年轻人来这里打拼。有的人能够获得世俗意义上的成功，而对于大多数人来说，平平淡淡才是真。没有拼过的人生是不完整的。虽然人生只是一场量子波动，但深圳人确实动得比较用力。

2014年，在房产公司上班的马璟璇（小马）正处于事业的快速上升期。晚上工作到10点是常态，有时，回家路上，街边的农贸市场都开始工作了。有一天，小马晚上10点"准时"下班，走到公司楼下，突然感觉内心有一股特别不想回家的冲动。他害怕回去又是刷牙洗脸睡觉，第二天一早起床，再重复今天的工作。他特别想找个地方，喝杯东西，安安静静地待一下——但一直走到家，都没有找到。

一个周末，小马和朋友打篮球。篮球场旁边是一片草地，上面堆了几个集装箱和废弃的房车，周围没有高层建筑物遮挡。小马看到了远处的天际线，也看到了人生新的可能。他们盘下了一个集装箱，改造成了"BEER MAN"，一间小小的精酿酒吧。

▲ 小马在酒吧主持活动

169

▲ 店里的发酵罐500升，因此得名"半吨"

2017年，小马认识了刚毕业来深圳工作的石头（姜磊）。石头学的是食品科学与工程专业，大三开始接触家酿，第一次参加"大师杯"家酿大赛就取得了不错的成绩。小马开了几年客啤店，早就有了自己酿酒的想法。结识了石头，这个愿望终于变成现实。2018年，发酵罐只有500升的"半吨"品牌成立，石头担任主酿酒师。

石头是武汉人，从小到大没离开过武汉，来深圳打拼的这一年，有过很多次苦闷的夜晚。和很多刚来的年轻人一样，石头住在位于"城中村"的公司宿舍。一室一厅的空间被隔成好几个格子间。当他拖着行李到了之后，发现连张凳子都没有，只好先出门给自己买张床。晚上11点回到"家"，开灯的一瞬间，空虚和落寞感扑面而来。他没有多少时间发呆——得赶紧在同事睡觉前，去他的"格子"洗澡。

加入半吨之后，他酿了一款易燃易爆炸浑浊IPA。"那段时间的感觉就跟浑浊IPA一样。你拿起杯子，对着灯光。你知道杯子的另一头就是光，但是你看不到……（酒的）名字来自陈粒的那首歌，是一种没人理解的癫狂状态。整个神经是绷紧的，再多一点负面情绪，可能就会陷入谷底。就像在一个充满粉尘的密闭空间之内，只要有一点点火星就会让你爆炸。"

石头喜欢研究各种原料对酒体颜色的影响。2020年"八乘八"活动上，半吨和水猴子合酿了一款蓝色理想IPA。加入的螺旋藻让酒体呈现出晶莹透亮的蓝色，成为现场最"吸睛"的酒款。还有一款朋克养生的秋别，半吨称之为"中式三料"，即在比利时三料啤酒的基础上加入了洋甘菊、枸杞、冰糖和黑枸杞等中式原料。黑枸杞含有花青素，在不同的pH值下有不同颜色，而且极易氧化。新鲜的秋别是红宝石色，随着氧化作用，酒体逐渐变色，最后呈橙色。石头说："这款酒本身就可以告诉你，如果不及时享用一杯酒，不光树叶会变颜色，酒也会变颜色，人也会变。时间在流逝，要珍惜眼前。"

作为一位从酒吧做起的厂牌主理人，小马曾经也被"酒吧要不要做餐"这个问题深深困扰。几年前，在和拳击猫主理人的一次交流之后，小马不再迟疑，开始"以餐饮培养精酿消费习惯"。他花重金聘请厨师团队，花大力气做餐，并逐渐找到了感觉。2021年至今，半吨从一家店开到了五家店，将餐饮重心逐渐放到了美式烧烤品类。再"易燃易爆炸"的一天，都能够被一份炙烤猪肋排治愈，如果还差点意思，那就再配一款绅士狂徒！这是一款英式棕色艾尔，名字来源于电影《老人和枪》。英式棕色艾尔的焦糖、坚果香和烤猪肋排、美式烧烤酱十分协调。在这款酒的基础上加入板栗，就成了冬日限量版栗子棕色艾尔——举个"栗"子，有浓郁的爆米花风味。

▲ 绅士狂徒配炙烤猪肋排

啤酒是自由自在的，小马当初开酒吧的初衷也是因为喜欢自由的感觉。"半吨的店是舒适的，但不是精致的。选择美式烧烤也是因为大口吃肉的时候，人是自由的。"小马将店开到院子里，海边上。看着三五成群的客人，喝着啤酒，分享一大盘肉，他将这份自由的感觉分享了出去。

🍷 推荐酒款

奶牛猫的黑牛奶甜品世涛
酒精度: 8.4% ABV

奶牛猫的白牛奶白世涛
酒精度: 5.5% ABV

这两款世涛特别适合做平行对比。两款酒都加入了马达加斯加的香草荚。深色世涛另外添加了可可粉，喝起来像吃一块巧克力脆皮雪糕。白世涛通过大量咖啡豆来模拟深色麦芽的香气，口感仍然顺滑，如同吃一个香草咖啡冰激凌。

无尽夏皮尔森
酒精度: 4% ABV

一款红茶增味的德式皮尔森。有明显的茶叶清香，伴随草本、面包香，香甜的谷物味道，突出的茶叶回苦但并不拖拉。酒体中度偏轻，不失畅饮性。

贵阳

行匠 TripSmith

贵阳是一座被严重低估的宝藏饮食城市。只有来到这里，你才能体会到何为"爽爽贵阳"。这里是美食爱好者的天堂——花溪牛肉粉、酸汤鱼、贵阳辣子鸡、肠旺面、豆腐圆子、豆米火锅、丝娃娃，各色小串、宫爆、地烤，水准十分在线的精品咖啡，当然还有精酿啤酒。在很多大城市，已经不允许开设精酿酒厂，当地的精酿品牌也被迫外迁。贵阳的这些品牌迄今还可以保持本地酿造，可谓名副其实。

和很多精酿爱好者一样，我的第一杯贵州精酿也是从 TripSmith 开始。2018年10月5日晚上，我第一次来到 TripSmith 在余家巷的自营店。坐在二楼的吧台，看到京 A 的推送，说和 TripSmith 一起合酿了一款干投了贵阳杨梅的拉格啤酒，明天发售。我第一次听说杨梅还可以酿啤酒，想想就流口水，但第二天就要回上海搬砖，于是央求在吧台打酒的店员，能不能先偷跑*卖我一杯。小伙子表示很为难，犹豫了几秒钟，转身给我打了一杯："今晚不能卖，但可以送给你尝尝。"

这就是我爱的精酿啤酒文化。你并不是贪图那杯酒钱，但是老板、吧员招待你的那杯酒，会让你感受到久违的人情味儿。那晚，我独坐吧台，炫了 TripSmith 的所有酒款，

▲ 当年的那杯杨梅拉格

---

* 偷跑：指酒吧在酒厂规定发售日期前偷偷开始提前售卖。

▲ 位于余家巷的 TripSmith 第二家店

▲ TripSmith 的酒厂标识

还点了酒厂自己灌制的贵阳香肠，一边在手机上刷《马男波杰克》，一边看旁边坐的男男女女杯觥交错，烟雾缭绕。

今天的 TripSmith，已经开了各具特色的7家店。余家巷店是最初的小店，也是我最喜欢的一家。它处在一条市井小巷，似由一个独栋的老旧居民楼改造而成，空间的设计感融入周围环境之中，每次来喝酒，看到门口海燕 logo 的灯箱，都是回家的感觉。

杨梅啤酒是我对那年夏天的美好记忆，也成为 TripSmith 每年的夏日限定款。从最初和京 A 合酿的杨梅拉格，到后来的杨梅酸 IPA、杨梅乌龙赛松（添加了乌龙茶），甚至用野菌发酵、过了橡木桶的杨梅野菌啤酒。每一年，TripSmith 都用本地杨梅探索新的风味。

▲ 用于酿酒的鲜榨杨梅果泥

▲ 张玮玮和郭龙在TripSmith未来方舟店演出

"看那山的后面，就是我们酿酒用的杨梅林。"两年后，二杆指着他卧室窗外山的剪影对我说。2013年，二杆结束了在北京、上海和青岛的打工生活，回到家乡贵阳。发现贵阳没有可以一个人喝酒的地方，便从余家巷的一个小酿造空间开始，成立了 TripSmith。

Trip 来自一种"脱离精神的"音乐风格（trip-pop）；Smith 在英语中是"匠人""工匠"的意思。虽然后来 TripSmith 把自己翻译成"行匠"，但二杆对"匠人"这个翻译比较排斥。在他看来，Smith "只是用手去创造、去完成一个事情，这么简单"。

厂牌的标语 CHOOSE TRIPSMITH（选择 TripSmith），乍看只是一句直白的"来买我"——作为广告语，它当然包含这个意思，但这句话更想要表达的是让大家"选择属于自己的生活方式"，TripSmith 只是一个代号而已。

选择，行动，活着。二杆说："每个人都有自己的小黑屋。回到这个小黑屋，你的世界是光明的，你要跟自己对话。"

二杆爱好越野摩托车运动，总往贵州山里跑。浪迹山野的人通常对野菌啤酒情有独钟，二杆也不例外。他还曾带着团队去山里收集空气中和水果表皮上的菌种，拿回来酿啤酒。如今，TripSmith 野菌发酵的"自然之数"系列已经推出了 6 款酒，包括"阿尔法"混合水果赛松、"贝塔"青梅柏林酸小麦、"伽玛"杨梅酸艾尔、"艾普西隆"刺梨小麦、"泽塔"青梅赛松、"伊塔"樱桃酸世涛。这些酒款都在各种橡木桶中陈

▲ 二杆是一位越野摩托爱好者

放了数月至数年，贵州的自然风貌在其中折射出万物的生长与融合。例如，"伊塔"是在世涛啤酒中加入了贵州茂兰的野生青梅和樱桃，分别在波本桶和红葡萄酒桶中陈放，最后按7:3的比例调和而成。这款酒体现了深烘麦芽的焦香、巧克力的风味，同时又有樱桃的果酸，伴随一丝草本和木质的气息，耐人寻味。

▲ 2023年12月，TripSmith接种贵州山里的菌群，开始酿造第一批纯自然发酵啤酒

▲ TripSmith 的酒标设计

　　除了少数适合陈放的风格，大多数精酿啤酒都要喝新鲜的。二杆就提出了"TS 90"概念，将保质期标为90天。这个决定逼疯了 TripSmith 的经销商，但反过来也"强迫"经销商甚至 TripSmith 团队内部逐渐适应了90天的产品动销周期。

　　TripSmith 的设计也在国内厂牌中别树一帜，品位始终在线。TripSmith 的酒标在酒标收集爱好者中很受追捧。最初，每款酒的酒标只有几个大的几何形状。这几年，这些几何图案之中逐渐加入了更多插画设计，毫无违和感。

　　每年夏天是最繁忙的季节，二杆都要给全体员工放三天假，一起去山上、湖边露营。一家"正常"公司会规划每年销售翻几倍，增长多少人，而二杆却希望永远将员工维持在200人以下，"让每个人可以和每个人对话"。

🍷 推荐酒款

倪克斯帝国世涛

酒精度：12% ABV

倪克斯（Nyx）是希腊神话中的黑夜女神。这款酒的咖啡、巧克力、坚果和深色浆果的香气十分突出。深度烘焙的麦芽与咖啡风味完美融合，甜香与焦苦味并存，还伴随一丝草药香气，黑巧克力的回味悠长。略微的酒精感，恰好可以伴你入眠。

24小时清亮型拉格

酒精度：4% ABV

"24小时"是 TripSmith 的全天畅饮型系列。虽然是一款拉格，但这款酒的麦芽风味也很丰富，伴随着一些隐约的花香、草药香，干净无负担，特别适合配餐或户外旅行等多种场景。TripSmith 标配一个可以多次使用的泡沫保冷袋，可以在旅行时当冰袋使用。

▲ 24小时

大聖精酿

2012年的一天晚上，52岁的康阿姨（康星亚）无意间喝到了酿酒狗的朋克 IPA，被其中的水果味道深深震撼，为此失眠半宿。第二天，她起了个大早，去农贸市场买了个大芒果，泡在雪花啤酒里，试图还原出那种味道。

那次尝试当然没有成功，但从此康阿姨对啤酒的热爱一发不可收拾。在儿子的帮助下，康阿姨找到了《啤酒圣经》和其他家酿啤酒的资料。买不到家酿设备，她就和家人一起改装各种锅碗瓢盆，组装设备。有一次，康阿姨无意间得知第二天在济南有个家酿交流活动。她立即订机票，搭乘凌晨的飞机赶到了那里，"终于找到组织了。"

2016年，康阿姨已经做了4年家酿，她终于决定要开家店，于是创立了大聖精酿。2020年，大聖精酿工厂正式投入运营，2022年又开了第二家店。康阿姨说，这是实现她梦想的一家店。除了常规的餐吧空间，二楼还有一个家酿工作室。康阿姨希望在这里教大家酿啤酒，让更多人和她一样爱上啤酒。

酒厂的事情很多，康阿姨天天都好芒（大聖的一款酒名）。她说服儿子辞了银行的工作，加入了她的精酿事业。每天晚上，她都坚持来店里，和客人分享她的啤酒，并叮嘱年轻人不要喝多了。看到你好像和她喝到最初那瓶朋克 IPA 时一样，疑惑这酒是怎么做出来的，

▲ 康阿姨在酒厂

▲ 2022年，啤酒事务局组织各地顿友来贵阳参加大聖二店开业

她便会滔滔不绝告诉你，她是如何想到这个配方，酿造时又发生过什么趣事。

大圣最知名的是一款加了花椒的拉格啤酒。为了酿这款酒，康阿姨跑了很多地方，最终选择了四川的青花椒。第一次酿造的时候，麦汁一直不发酵。她睡在店里，小心呵护着这批麦汁。三天之后，麦汁终于开始发酵了。康阿姨说："这些酒就像我的孩子一样，你要有足够的热情，要非常地爱她……"

每次见到康阿姨，总能被她对啤酒发自内心的热爱所感染。当你全力以赴、满怀热情地做一件事，身上真的是会发光的。这份光芒并不会因为年龄——或任何限制而暗淡；相反，恰恰是打破制约的过程，让这份光芒显得更加耀眼。啤酒之中，是无限自由和可能，正如永不服输的齐天大圣，也正如康阿姨的人生。

康阿姨经常说，她很感谢啤酒，因为啤酒让她和年轻人在一起。其实，康阿姨，你才是我们当中最年轻的人啊。

🍷 推荐酒款

花椒拉格
酒精度: 4% ABV

打开中国啤酒风味之旅的必喝款。康阿姨的花椒拉格不是第一款加了花椒的啤酒，却是我最喜欢的一款。青花椒的清香，干净的拉格酒体，凸显了花椒的椒麻感，强力持久，回味中带有一丝辛辣感，特别适合配火锅、川菜、黔菜等。

魔王帝国世涛
酒精度: 9% ABV

非常愉悦的坚果、果脯、花生（真加了花生酱）香气，巧克力、葡萄干、李子味道融合，深色麦芽轻微的酸味恰好还原了深色水果明快的果酸，口感圆润，容易入口，但收口之后又会突然涌现出巧克力的香气和苦味，酒精感压制得十分出色。这是一款严重被低估的酒。

蝈蝈工坊

精酿厂牌大都在自己的城市有直营酒吧，这些酒吧又大都以厂牌命名，因此并没有必要专门备注酒吧的名字——直到这里，我意识到我错了。如果你被种草了"蝈蝈工坊"，想去店里喝一杯，要记得在贵阳搜"拾阅"，或在上海搜"BEER & SPACE"。好不容易到了店里，打开酒单，发现上面写着"HK100""FKT""UTMB""UTNH""UTMF"……如果你是一位越野跑爱好者，也许会一阵狂喜。因为这些像密码一样的酒名，都是越野比赛的名字。

蝈蝈工坊的创始人张国汝是一位越野跑爱好者。2017年，老张跟着朋友第一次参加越野赛。这个叫"杭州100"的赛事，号称中国的"膝盖粉碎机"，在100公里的赛程中，爬升距离达到了7000米。比赛允许做双人组，也就是要两个人都完成，前后不能相差50米。老张的朋友、同时也是现在的合伙人康子，和老张一样都是"国"字辈，于是他们将两人的团队取名"蝈蝈在爬山"。为了激励老张，康子在终点放了两罐 IPA，说谁先到了谁就喝掉，两个人一起到就碰杯。他们连续跑了24小时，获得团体组第三名。

从此，老张一边玩儿家酿，一边去世界各地长跑。从香港到东

▶ 张国汝

京，从柏林到芝加哥，他发现越野跑、马拉松和精酿啤酒非常相似，都是时间的体现。越野跑需要长时间的备赛，精酿也需要长时间的发酵。"发令枪响，如同糖化开始，比的是之前的准备是否充分，好好享受整个跑步和酿造过程就好了。"最妙的是，每一场酣畅淋漓的比赛之后，几乎都会有一场啤酒的狂欢。

老张的主业是灯光工程。无论是越野跑，还是精酿啤酒，对于他来说都是"玩"。但玩着玩着，不小心就把兴趣发展成了事业。除了以越野比赛名字命名，蝈蝈还酿了一款酒精度只有1%的低醇啤酒，运动后饮用最佳。从开店之初，蝈蝈就非常注重餐食。为了配餐，蝈蝈的酒普遍易饮，一款酒精度9%的魔都夜色帝国世涛，已经是蝈蝈最烈的酒了——那是配甜点用的。当然，作为一个贵州厂牌，也少不了贵州特色。在难忘的2022年，蝈蝈出了一款喝酸，在古斯的基础之上，加入了木姜子和生姜，还原了贵州酸汤的酸咸口感。

🍷 推荐酒款

UTMF 赛松
酒精度：7.3% ABV

老张第一次家酿就酿了一款赛松，因此蝈蝈长期保留了一款未增味的赛松啤酒。这款酒体现了水果酯香、花香，入口还有一些丁香、胡椒的味道，酒体干爽。酒名来自环富士山超级越野赛（UTMF）。2019年老张去参加这场比赛，据说在富士山体验了各类地形和四季变化，因此用比赛的名字命名了这款层次变化丰富的酒。

▲ UTMF

小周末皮尔森
酒精度：4.5% ABV

"小周末"（hump day）指的是每周三。香甜的谷物、面包香气，贵族酒花的花香、辛香，口感脆爽，有一定苦度，简单而不无聊，非常适合工作日过半的打工人们微醺一下！

▲ 小周末

成都

道酿

20世纪90年代，四川城口县（今属重庆）的一个中学生在歌里听到了"我很丑，可是我有音乐和啤酒"。虽然没喝过，但他隐约觉得"啤酒"应该是个好东西。大学毕业之后，他作为地下 DJ 出道，成为国内最早一批电子音乐人之一，曾经觉得自己这辈子就属于音乐了，万万没想到后来又和啤酒结下了缘分。他叫王睿，艺名"DJ GEEZER"，是中国最会打碟的精酿厂牌主理人——应该也是中国最会酿酒的 DJ。

在开始酿酒之前，王睿还做过一段时间的程序员。白天打工，晚上打碟，后来攒够钱开了一家电子音乐俱乐部。作为老板，当然希望多卖点酒赚钱。当时市面上的进口啤酒味道不错，但是进价和售价都很贵，一晚上也卖不出去多少。王睿希望找啤酒厂代工国外啤酒的配方。四处碰壁之后，他遇到了 Mark，一位来自美国的家酿爱好者。

▲ DJ GEEZER（王睿）

喝了 Mark 酿的啤酒，王睿当场拜师学艺，可惜只学了一天——第二天 Mark 就回国了，而且再也没有回来。

但王睿是个"不信邪"的人。他从此混迹于国外的酿酒网站、论坛和 QQ 群，逐渐搞清楚了酿造原理，并从国内外采购了各种零件，自己组装了设备。在家里的地下室，他从20升小桶开始，逐渐扩大到了200升的小作坊，取名"丰收酒厂"。王睿不仅供应了自己酒吧，还开始供应朋友的酒吧。当时买不到进口酒花，只能酿一些像小麦、世涛这样的啤酒，王睿从此有了"小麦王"的称号。

经历了多次断货之后，王睿发现卖啤酒竟然挺赚钱，就和家人一起筹备资金，在成都温江租下一个厂房，并购置了2吨的发酵罐。一边攒设备，一边跑手续。工商、税务、发改委、食药监……一跑就是两年。2015年4月，丰收酒厂终于通过了所有审批，获得了可能是中国精酿行业第一张 SC（食品生产许可证）；王睿从此成了"王厂长"。

10天后，一场大火吞噬了王厂长的厂。

在高岩的号召下，中国精酿人有酒的出酒，有力的出力——供应商出设备、原料，经销商和酒吧主动预付货款，精酿爱好者们也纷纷下单。丰收酒厂活过来了，王厂长将酒厂改名"道酿"，以示"道义永存"。

按理说，有了酒厂之后应该好好酿酒，DJ GEEZER却在音乐领域更加投入，只不过是以自己的方式。道酿和成都"春游"音乐节联名，推出了一款春游酒花皮尔森，香气充沛，又清爽易饮，十分适合24小时舞台不停的春游音乐节。他还为喜欢的乐队，例如马赛克、秘密行动、白日密语设计过啤酒，其中最让人拍手称快的莫过于马赛克乐队的联名款。这是一款用经典的美式酒花"马赛克"酿造的马赛克单一酒花 IPA*。不只是名字上的巧合，这款啤酒和他们乐队的风格

---

* 大多数啤酒都会投放多种酒花，以取得平衡的风味，但有部分"斜杠酒花"，单独使用也不错。只使用一种酒花酿出的啤酒叫做"单一酒花"啤酒。单一酒花不一定比拼配酒花更好喝，但却是学习该款酒花特性的好方式。

▲ 马赛克IPA

也很接近——酒精度不高，有丰富、阳光的水果风味，色彩明亮，如同马赛克乐队的音乐给我们的感觉。

虽然人称"小麦王"，但IPA才是王睿真正喜欢做的酒。还在小作坊的时代，王睿就很想酿IPA。看到国外论坛上说IPA配方中要加"结晶麦芽"，他四处打听，怎么都买不到。"不信邪"的王睿一点点探索，用家里的电烤箱烘焙出了（疑似）结晶麦芽，最终酿出的IPA还真有一些焦糖味道。2016年，新西兰神话（Epic）酒厂主理人卢克·尼古拉斯（Luke Nicholas）来到酒厂，和王睿从早到晚一边切磋，一边投料，最终酿了一款竹叶IPA。这款美式IPA酒体干净，先苦后甘，收口干脆，据说尾调还有淡淡的竹叶清香。如今，当年促成这次合酿的进口商杰克（就是"杰克的酒窝"的杰克）回想起来，直拍大腿——"真的是惨痛教训，教会徒弟饿死师傅，这种事情不能多干！"

玩笑归玩笑，这次合酿确实极大提升了道酿的IPA酿造水准，也从侧面印证了王厂长的学习能力之强。一般来说，这是个优点，但过度自信（且缺钱）的人有时也会做出匪夷所思之事。王睿曾花大力气独立设计、制作了自己的易拉罐罐装设备，投产3个月后被迫放弃，最终还是花大价钱从美国采购了专业罐装线。他曾驱车8小时到川西地区的金川县种啤酒花，到了之后发现带去的"啤酒花根"包裹里装的是周村烧饼……有一天，他突然想做比萨，就赶去武汉的18号酒馆，在厨房里当了一周的帮工，回成都后自己研发比萨炉，后来……就没有后来了。

王睿和18号酒馆创始人光头是十几年的兄弟。光头还没开始酿酒的时候，曾找王睿订100桶酒。货款直接预付，一周后酒还没到。眼看新店即将开业，光头打电话过去，王厂长斩钉截铁地说："发了发

▲（左起）卢克，杰克，王睿

了，过两天肯定到了，放心！"又过了一周，货还是没到，光头又打
电话问："发了吗？！"王厂长说："你放心啊大哥，我说了发了，这
两天绝对到了，再不到我开车连夜给你送武汉来！"光头抱着最后的
幻想，陷入了焦灼的等待。一周后，光头终于爆发了，王厂长理直气
壮地说："发了发了！给你说了啊！真发了！已经在发酵了！！"光头
克制住震怒，又等了两周，王厂长来电说真的可以发货了，但没有钱
买酒桶……又向光头借了几万块钱，终于装桶发货。2023年，牛啤堂
和道酿合酿了一款发了发了柠檬帝国IPA，以资纪念。

"厂长就是这样一个充满魅力的复合体，严谨和不靠谱完美共
存，聪明和'低智'融合，他的简单、开心、认真、努力足以弥补
他的离谱，所以我们都很喜欢他。"牛啤堂的银海说。王厂长或许是
"梗"最多的中国精酿厂牌主理人。从业十几年，他做实了"不靠谱"
的人设，但没有朋友离他而去。作为一位创业者，他的话不能全信；
作为一位艺术家和酿酒师，你永远可以相信他的专业和投入。这就是
道酿，"文明酿造，野蛮起飞"。

🍷 **推荐酒款**

伏魔 IPA
酒精度: 6.5% ABV

竹叶 IPA 的升级版，也是国内最早罐装、知名度最高的美式 IPA 之一。通透的琥珀色酒体，圆润的柑橘、西柚、百香果和松针香气，喝起来清爽干脆，毫不掩饰的酒花苦味，伴随些许焦糖的麦芽甜香。

烟熏乌梅艾尔
酒精度: 3.3% ABV

果子熟透了会从树上落下，"自由落体"就成了道酿水果啤酒的子品牌，这款烟熏乌梅艾尔就是其中之一。烟熏麦芽和乌梅之间产生了奇妙的化学反应，浓郁的乌梅香气之中增加了一些复杂度。酒精度低，酸甜可口，是成人版的酸梅汤，十分适合饭前开胃，夏日解暑。

南门精酿

　　2005年，相秋洛珠去加拿大多伦多附近的一座小城留学。刚到不久，他就发现出租屋楼下有一家小酒吧。他不知道什么是精酿啤

▶ 大学时期，相 秋（中）还担任过乐队主唱

酒，只知道这家店卖的酒是在地下室自己酿的。在这个100多平米的小店，相秋度过了不知多少微醺的夜晚。

相秋是一位出生在四川色达县的藏族人。2011年，相秋从加拿大回国，在成都做了几年零售行业之后，想开一家自己的民宿。香格里拉有一个藏族特色酒店品牌"松赞"，相秋便去考察学习。吃饭时无意间喝到了香格里拉啤酒，顿时勾起了相秋大学期间的回忆。去香格里拉啤酒厂考察之后，相秋把开民宿的心思忘得一干二净，立马回成都筹备精酿品牌。2018年，第一家酒吧开业。这家店位于桐梓林，即古成都的南门附近，品牌因此得名"南门"。

创立南门之后，相秋带着酿酒师回到香格里拉，和香格里拉酒厂合酿了一款使用100%青稞麦芽酿造的青稞啤酒。他还曾用红景天酿过一款啤酒，喝起来有淡淡的玫瑰和中药味。

除了高原风情，南门最大的特色就是"成都"。南门的口号十分直白："成都人，喝南门。"二仙桥（德式小麦）、肖家河（比利时小麦）、小通巷（皮尔森）、盐市口（海盐古斯）、望平街（淡色艾尔）、奎星楼（IPA）、镋钯街（浑浊IPA）、猛追湾（咖啡燕麦世涛）……这些成都人耳熟能详的地名，都被南门酿成了酒。以成都特色小吃蛋烘糕为灵感，南门的成都糕点帝国世涛芝麻、花生、香草香气俱全，

▲ 南门酒吧

还加了辣椒点缀，完美诠释了中式糕点的精髓。

2022年，南门重金打造的新酒厂投产。这是我去过的国内配置最高的精酿酒厂。从麦芽粉碎机到灌装线，处处透出人民币的味道。最妙的是，酒厂对面就是中国最大的威士忌酒厂——嵊州蒸馏厂。两边酿酒师经常去对方酒厂喝酒、交流。嵊州将使用过的威士忌酒桶提供给南门陈放啤酒，南门用完之后再返还给嵊州，进一步陈放威士忌，创造了"威士忌—啤酒—威士忌"的木桶闭环！

2019年，南门挑起大旗，邀请成都本地及外地厂牌，在成都地标景点组织"龙门阵"啤酒节。经过几年努力，"龙门阵"已被认为成都精酿啤酒节的同义词，南门也成为成都精酿的代表之一。

▲ 啤酒事务局组织顿友参观南门酒厂

▲ 南门酒厂对面就是中国最大的威士忌酒厂——嵊州蒸馏厂

推荐酒款

宝矿啤青瓜柏林酸小麦

酒精度：3% ABV

曾任南门总酿酒师的老刘特别钟爱宝矿力水特。他在柏林酸小麦的基酒中加入了宝矿力，并将新鲜水果青瓜削皮、切片、灭菌，萃取完整的青瓜风味。柏林酸小麦的乳酸与宝矿力的柚子清甜、水果黄瓜的清新气息相辅相成。喝起来酸咸平衡、清新爽口。

蛋烘糕糕点世涛

酒精度：8.5% ABV

这是与美国庞大酒厂（Gigantic）的合酿作品，还原了成都本地特色蛋烘糕的风味。浓郁的芝麻、花生、香草，还有一丝辣椒风味，仿佛在喝一杯液体蛋糕。

二仙桥德式小麦

酒精度：4.5% ABV

传统德式小麦，有淡淡的香蕉、丁香的香气。入口微酸，泡沫绵密，口感柔和干爽。

美西

李大虎（Scott）出生在美国犹他州一个传统的摩门教家庭，祖上是19世纪追随杨百翰抵达盐湖城的第一批拓荒者。受摩门教传统的影响，直到今天，犹他州仍然有严格的酒精管制：便利店不准售卖酒精含量超过5%以上的饮品，血液中酒精浓度达到0.05%即被视为酒后驾驶（美国其他州均为0.08%）。从小生活在摩门教社区、接受摩门教教育，Scott却非常叛逆。当他有了独立思考能力的时候，他越来越觉得有些教义教规莫名其妙，毫无道理。虽然仍保留了与生俱来的摩门教教籍，但Scott不再认为自己是摩门教徒（后来也确实脱离了教会）。或许是作为反叛的一部分，成年之后的Scott爱上了啤酒，并且偶尔自己在家酿啤酒。

不过，当时酿酒只是Scott的爱好，他的正式工作是一名电子工程师。外派到中国期间，Scott结识了现在的妻子兼事业合伙人Carol。当Scott结束在中国的工作，也把Carol带回了盐湖城。两人决定结婚、买房。美国的独栋房子会有一个宽敞的地下室，通常用作储物间，偶尔也会被有品位的男人改造成"man cave"，即男人的私密空间。就在Carol不经意间，Scott把地下室改造成了配备了带有生啤酒头、12个座位的标准吧台。吧台前是一排用来躺着的沙

▲ 这不是酒吧，是 Scott 家的地下室

发，头顶是投影仪，可以投在墙上看电影、球赛。Scott 外表温文尔雅，实则是一名重金属摇滚乐发烧友。他在属于自己的空间里配备了大功率音响。忙完一周的工作，Scott 在周末最大的乐趣就是把自己关在地下室，将音响功率调到最大，一边摇滚，一边酿酒。

整幢房子都在摇滚。眼看着丈夫越来越陷入对啤酒的热爱，Carol 十分不满，然而，不久之后的一次旅行改变了她的态度。

他们开车去了一家位于圣地亚哥的精酿酒厂。第一次完整参观了啤酒酿造的工艺流程，还在酒厂品了酒，Carol 终于觉得啤酒"有点意思"。更打动她的是 Scott 在整个过程中满脸陶醉的表情。参观结束后，Scott 说，这是他的理想。

理想归理想，此时的 Scott 已经成为一名资深工程师，开始进入管理岗位，要放弃这份高薪工作，完全换个行业，还是很大的决定。然而，心之所至，金石也开。几年后，Scott 所在的公司被收购。是继续打工，还是将酝酿已久的理想变成现实？Scott 选择了后者。

此时，美国已经有数千家精酿酒厂，中国的精酿行业才刚刚起步。他们认为在中国的机会更大一些。2016年，Scott 夫妇从美国西

▲ Scott 和 Carol 在美西酒厂

▲ 2023年，美西发布了一款过桶帝国世涛
"天使的分享"

部搬回了 Carol 的家乡成都，在这个美丽的中国西部城市，成立了"美西"。

酒花风味突出的美式淡色艾尔开启了美国、乃至全世界的精酿啤酒运动。Scott 第一次家酿，就用经典的美式卡斯卡特酒花和世纪酒花酿了一款淡色艾尔。有了自己的厂牌，Scott 将这款酒还原，作为美西的第一款酒发售，并将其命名为雾山。如今，美西最著名的酒花类啤酒莫过于九重云。2022年，美西开启了"回到80年代"系列，与明日酿造的"明日重现"不谋而合，这个系列复刻了一些如今很难看到的啤酒风格，例如蒸汽啤酒、棕色艾尔还有琥珀拉格等。和南门一样，美西酒厂也在嵊州蒸馏厂旁边，这也给了 Scott 更多玩桶的机会，开始酿造过威士忌酒桶的啤酒。

🍷 推荐酒款

九重云浑浊 IPA
酒精度：7% ABV

明显的柑橘、西柚、百香果香气，轻微的谷物香气和硫味。恰到好处的苦味，干净利落。酒体较轻，适合畅饮。

宇宙双倍浑浊 IPA
酒精度：8.3% ABV

成熟的蜜瓜、木瓜、柑橘的香气，大地的阴湿感和硫味也比较明显。酒体柔顺，果汁感强。虽然有轻微的酒精感，但口感依然轻盈，保持了一定的易饮性。

香格里拉

香格里拉精酿

"太阳最早照耀的地方，是东方的建塘；人间最殊胜的地方，是奶子河畔的香格里拉。"英国作家詹姆斯·希尔顿在《消失的地平线》中描述了一个群山环绕下，有着森林、湖泊、雪山、峡谷，安宁祥和，又远离世俗的香格里拉。在这平均海拔3300多米的高原上，有一座以这座城市命名的高原酿酒厂。

半个世纪以前，有一位叫杰素丹珍的藏族女孩不幸失去了父母。7岁那年，她被一对德国夫妇收养，并被带到瑞士定居。1990年的冬天，当时已是一名外科医生的杰素丹珍第一次回到西藏，在街头看到了两个流浪儿童正在垃圾堆找吃的。她带着两个孩子到餐厅，想请他们大吃一顿，但餐厅居然以衣着褴褛为由拒绝他们进门。她悲愤地和店主大吵一架，发誓要为被遗弃儿童的权利而战。1993年，在援助西藏发展基金会的支持下，加上从亲朋好友处借来的钱和自己的全部积蓄，杰素丹珍成立了西藏第一个孤儿院——杰素丹珍保育院。几年

◀ 杰素丹珍同保育院孩子们合影

后，她又在丈夫的家乡、当时还叫中甸县的香格里拉开办了第二家孤儿院。

一晃20年过去了，杰素丹珍将几百名孩子养育成人。眼看年事已高，如何将保育院继续下去，是丹珍每天都在思考的难题。

杰素丹珍的儿子杰素松赞出生、成长在瑞士，曾是职业单板滑雪运动员，瑞士国家特种兵。退役后，松赞在瑞士企业工作了几年，后来创办了自己的房地产公司，实现了财务自由，背上背包，踏上了环游世界的旅程。

在游遍了欧洲和美洲之后，松赞来到亚洲，第一次来到香格里拉。由于杰素丹珍平时就常给保育院的孩子们讲述松赞的故事，孩子们见到松赞，像是见到认识很久的哥哥，一齐簇拥过来，不仅非常尊敬，还十分亲近。这让松赞感到非常吃惊，虽然是第一次相见，却有了家的感觉。丹珍希望儿子能留下来，帮助她继续照顾和抚养保育院的孩子们，给他们良好的教育，还有更多的工作机会。

松赞很喜欢这里，但要放弃在瑞士的优渥生活确实是一个很重大的决定。母子俩在7天的时间里进行了多次长谈。原本要前往非洲的

▲ 香格里拉精酿酒厂

松赞被母亲打动了。他重新思考了人生，并获得了他的答案：留在香格里拉，完成母亲的心愿，同时也开启自己新的人生。

最初，松赞在香格里拉的独克宗古城开了一家藏餐厅，所有员工均来自杰素丹珍保育院。开餐厅难免要供应些啤酒。出生在瑞士德语区的松赞对德国啤酒非常熟悉，于是想到了香格里拉本地就有的纯净雪水和高原青稞——这些不就是最好的酿酒原料吗？2009年，松赞开始研究青稞啤酒的酿造技术，并在香格里拉租下一间仓库，开启了青稞啤酒的酿造事业。

当时，还没有人以青稞作为原料来酿造啤酒。没有现成的资料可以参考，每一个环节的参数都需要反复实验，一步步优化、调试。青稞是一种裸麦，蛋白质含量高，难以过滤、收集麦汁；淀粉酶含量又比较低，在糖化过程中需要进行单独糊化（当时还没有青稞麦芽）。青稞加多了，酿造工艺难度陡增，如果加得少，酿出的啤酒又缺少了风味特色。此外，香格里拉地处平均海拔3300米的高原，煮沸时还要进行加压处理。

杰素松赞说自己是一个传统的藏族孩子，有着从骨子里迸发出来的执着。他从瑞士、德国请来酿酒专家常驻香格里拉，研发青稞啤酒。他们与香格里拉农科所合作，在工厂支起大棚，从种植青稞、制作青稞麦芽，到研发青稞麦芽糖化以及高原啤酒的加压设备，一切从零开始，摸着石头过河。经过三年多的探索，松赞终于成功酿造出了自己的第一瓶青稞啤酒松嘎。

今天的香格里拉啤酒，包括现任 CEO 卓玛在内，八成以上的员工是保育院里长大的孩子，公司的部分收益也会用于保育院的日常运营和条件改善。香格里拉啤酒建立了800多亩的青稞种植基地。在香格里拉的每一款酒中，都或多或少使用了一些青稞麦芽。有一款藏式爱尔，不仅添加了青稞麦芽，还用了传统青稞酒中的酒曲（藏曲）发酵。青稞麦芽喝起来和小麦芽比较接近，有甜美的谷物味道，似乎还有一些清香。

藏族人能歌善舞、热情好客。每当欢聚一堂，人们会围成一圈，

▶ 嗦呀啦的酒标上印着围跳锅庄舞的藏族人

▲ 正在喝香格里拉啤酒的藏族爷爷

顺时针转圈跳舞，不时发出"嗦呀啦"的欢呼声。香格里拉酿了一款嗦呀啦拉格啤酒，清淡干爽，非常适合聚会、跳舞的时候喝。

很多藏族人会在每月的月圆日这天去烧香拜佛。因此，每到这一天，香格里拉的酿酒师就会沐浴更衣，去菜市场采购新鲜的生姜和柠檬，拿回来酿造超新星博克啤酒。这款酒的发酵周期刚好是一个月，在月圆日酿造，在下一次月圆日发售。

除了传统德式风格，香格里拉也会加入藏族人民聚居区的水果和物产，研发增味啤酒。佛手柑属于柑橘类水果，香气清新，藏族人常将其供奉在神龛上。香格里拉酿了一款佛手柑浑浊 IPA，除了佛手柑，还加入了松木，加强了酒花原本的松针香气，喝起来还有一些木质感。

香格里拉早在2017年就开始酿造自然发酵啤酒，参考兰比克的酿造过程，制作了自己的麦汁冷却盘（coolship），让麦汁暴露在外24小时，接种香格里拉空气中的微生物，然后放入橡木桶缓慢发酵。橡木桶是从香格里拉本地的葡萄酒庄采购的红酒桶。另外还添加了一些云南特产水果增味，包括黑刺梨（2017年批次），以及高原车厘子、木瓜、德钦石榴和三坝江边火龙果（2019年批次）。2022年，我在香格里拉酒厂喝到了2019年酿造的这几款酒。总体来说，"野"味都较为收敛，布雷特酵母发酵产生的柑橘、桃、杏，以及增味水果的香气更为突出。橡木桶味也比较明显，伴随红酒般的轻微涩口感。最让我惊讶的是，香格里拉的自然发酵啤酒一点儿都不酸！

青稞麦芽、高原雪水、云南水果、本地木桶，经过香格里拉空气中微生物的缓慢发酵，成就了中国的自然发酵啤酒。比利时兰比克的"酸臭"审美固然有其魅力，但最初也许只是塞纳河畔的美妙巧合。香格里拉还在路上，但不失为中国自然发酵啤酒的一个新的方向。

▲ 加入到麦汁中混合发酵的黑刺梨

▲ 将麦汁注入橡木桶中发酵　　▲ 用于接种空气中菌种的麦汁冷却盘

🍷 **推荐酒款**

建塘青稞拉格

酒精度：2.8% ABV

"建塘"在藏语中是"辽阔草原"之意，也是香格里拉以前的名字。这款青稞拉格使用的青稞麦芽比大麦芽还要多，是直观感受青稞麦芽风味的首选。淡雅的麦香，伴随一些青稞麦芽的清香，口感清爽，收口干净。

黑牦牛黑拉格

酒精度：5.4% ABV

黑牦牛是高原之舟，代表了藏族人在恶劣环境下磨炼出的强壮体格、坚韧不拔的毅力，以及善良开阔的心胸。藏族人吃牦牛肉，喝牦牛奶，用牦牛皮做衣服、毯子，因此也深深感激牦牛。香格里拉精酿的标识就是黑牦牛。这款德式黑啤有突出的烤面包、巧克力的香气，杀口感较强，酒体轻盈、易饮。

丽江

壹雲酿造

　　大学毕业之后，福建小伙子朱杰选择留在云南任教。他一点儿也不像典型的人民教师，性格比较叛逆，喜欢玩儿机车，还召集学生们组建了一支篮球队，每天最开心的时刻就是下了班和学生们一起打篮球、喝啤酒。

　　篮球队的兄弟们酒量大，动不动就能炫10来箱。为了省钱，朱杰便开始学习自己酿啤酒。后来他发现自己太天真了，好不容易酿的一桶酒（十几升的矿泉水桶），不够兄弟们喝一晚。现在回想起来，最初酿的酒瑕疵很多，但兄弟们身体好，消耗得快，正好给朱杰多练练手，缩短了学习和改进的时间。

拿兄弟们实验得差不多了，朱杰开始在寒暑假期间去啤酒厂打工。从搬麦芽、清洗设备的"小工"做起，他逐渐开始跟专业酿酒师学习。学着学着，朱杰便把学校的工作辞了，开启了职业酿造生涯。2018年，朱杰去塞舌尔旅居、酿酒，一年后回到丽江，创立了壹雲酿造。

▲ 朱杰

壹雲酿造是一个热衷于用云南本土物产酿酒的厂牌。从鸡豆、香茅、海棠，到滇橄榄、小樱桃、海棠果，丰富的云南物产，只有我们没听说的，没有朱杰不敢用的。香橼是云南常见的一种柑橘类水果，有类似柠檬、西柚、百香果、芒果的香气，让人联想到热带水果方向的酒花。朱杰用香橼代替酒花，用乳酸菌酸化苹果汁，然后投入了葡萄酒酵母和啤酒酵母混合发酵，最终获得了一款酒精含量高达13%的香橼帝国西打。

茨满村是丽江最古老的纳西村落之一。这里不仅盛产"茨满梨"，还有云南特产的一种小樱桃。往年，小樱桃成熟后总被抢购一空，发往全国各地。但是在2020年夏天，由于运不出去，眼看着小樱桃要烂在树上。朱杰一腔热血，向老乡们采购了几百斤小樱桃拿来酿酒。第二天，当几百斤小樱桃送到店里，他对接下来的工作量才有了直观的概念。用水果酿酒，如果不去核，就会增加染菌风险。小樱桃很小，核就更小，其中还有氰化物。朱杰担心果核过量会导致中毒，于是把全店员工聚起来，每人发了一根筷子，捅樱桃、去核，一直捅到天亮……再将果肉榨汁——这个过程中烧坏了两台榨汁机——过滤，去除果胶，最终酿成了一款樱桃西打，还有一款樱桃淡色艾尔。据说两款酒都特别棒，但朱杰表示"再也不想碰小樱桃了"。

除了用本地的水果和香料，朱杰也喜欢挑战野菌啤酒，土司的红宝石就是他的得意之作。这是一款法兰德斯红艾尔，光是筛选、扩培菌种就经历了两年时间。朱杰还从法国采购了哈杜红酒桶。陈酿一年之后，呈现出了充沛的莓果、乳酸和橡木桶味，一点点"野"，还有一些葡萄酒的质感。接下来，他计划收集更多的云南野菌，继续他的本土发酵之旅。

🍷 推荐酒款

金边玫瑰琥珀艾尔

酒精度：5.8% ABV

云南的金边玫瑰经常被用来制作鲜花饼及玫瑰花茶。这款酒以琥珀艾尔为基酒，加入新鲜的金边玫瑰。玫瑰的花香与深烘麦芽、焦糖风味结合在一起，如同在喝一杯液态的鲜花饼。

多利法兰德斯红色艾尔

酒精度：6% ABV

海棠果在纳西语叫"多利久补"。这款酒是在比利时传统的法兰德斯红色艾尔中，加入了丽江拉市海湖边的海棠果。宝石红色的酒体，果酸、乳酸和一点点醋酸交织，配合隐约的"野"味，很有特色。

CHAPTER

04

一起爱啤酒

:

Beer Lovers Unite!

现在，你已经喝了不少。从最初的拉格、小麦，尝试各式各样的IPA，疯狂追寻脑洞大开的增味，或许还跌入过世涛和野菌啤酒的深坑，最终发现，平平淡淡才是真……好的啤酒固然重要，眼前的人更加可贵。精酿啤酒是打开新世界的钥匙，也是建立友谊的桥梁。

加入一两个社群，结识一群志同道合的朋友。逛逛展会、啤酒节，和你已经熟悉的那些名字碰个杯，说声"你真棒"。或许，中国精酿将因为你的热爱和分享而变得不一样。

精酿啤酒节

南京·中国精酿啤酒节

创办年份： 2013年　　**举办时间：** 每年5月　　**活动城市：** 南京
参与方式： 门票，不限时畅饮；免费入场，扫码买酒。

2013年，高大师租了50套桌椅板凳，搞了一场摇滚乐和精酿啤酒的派对，命名为"中国精酿啤酒节"。在最初的几年中，由于大众对精酿啤酒的认知有限，啤酒节需要靠音乐吸引客流。在音乐舞台和乐队邀约上投入过大，导致了年年亏损。如今，精酿啤酒终于成为啤酒节的主角，高大师再也不用借钱办活动。中国精酿啤酒节成为国内时间跨度最长的大型精酿啤酒活动。

最近几年的南京·中国精酿啤酒节均为3天。前一两天采用一次购票，全场不限时畅饮的模式。最后一两天免费入场，在摊位上直接购买想喝的酒。因此，对于自以为酒量好的酒友，强烈推荐畅饮票。2023年的第九届活动吸引了80多家精酿厂牌参与，在3天的活动里共喝掉了10万杯啤酒！

◀ 第三届啤酒节，由于不准叫"中国"，高大师玩儿了个行为艺术

◀ 2022年第八届啤酒节

◀ 啤酒事务局组织全国顿友来第九届中国精酿啤酒节"清桶"

北京精酿啤酒节

创办年份： 2023年　　**举办时间：** 每年　　**活动城市：** 北京
参与方式： 门票＋扫码买酒

　　在北京曾有过很多精酿啤酒节，但迄今为止规模最大的，还是北京自酿啤酒协会（一起酿吧文化）牵头组织的北京精酿啤酒节。2023年，北京精酿啤酒节首次举办即吸引了80多家精酿厂牌，集中展现了超过500款精酿啤酒，并融合了电子音乐、餐饮、零售等生活方式内容。三天时间，两万名精酿爱好者齐聚京西首钢园，成为2023年"五一"期间北京市标志性的文旅活动。由于现场过于火爆，数次被有关部门限流，甚至被叫停电音表演。根据目前的规划，北京精酿啤酒节将每年举办，北京及周边地区酒友们一定不要错过。

▲ 2023年北京精酿啤酒节现场

京A "八乘八" 合酿啤酒节

创办年份: 2017年　**举办时间:** 每年10月　**活动城市:** 北京

参与方式: 门票,限时畅饮

"同行是冤家"——这句话在精酿行业绝不适用,因为精酿啤酒本来就是同行之间交流、共创的产物。"合酿",指的就是两家或以上品牌各自贡献原料、工艺、设备或灵感、渠道,共同酿造一款啤酒。

2017年10月,京A发起了"八乘八"合酿计划,邀请大中华区的8家啤酒厂与来自国外的8家啤酒厂,两两随机匹配,合酿8款啤酒,并在为期两天的京A "八乘八" 主题啤酒节发布。

"八乘八" 合酿计划提供了一个国内外厂牌文化交流与技术学习的平台,促进了国内外技术及创意的碰撞,甚至为一些酒厂提供了进出口机会。啤酒节作为整个合酿计划的最后一站,是精酿厂牌交流、炫技的舞台。在这里,你不仅能喝到中外酒厂合酿的创意新酒,还能体验代表了各自厂牌最高水平的经典款啤酒。

▲ 2023年 "八乘八" 现场

"跳啤拍档"广州精酿啤酒节

创办年份： 2021年	**举办时间：** 每年3月或4月
活动城市： 广州	**参与方式：** 免费入场，啤酒币兑换

2021年4月，保霖精酿 Bravo 和广州太古汇联合举办了第一届"跳啤拍档"。广州是一座温暖的华南城市，"跳啤拍档"（简称"跳啤"）在每年春季举办，是春节后国内第一场大型的精酿啤酒节。

跳啤不设门票，而是采用购买啤酒币，然后去摊位上兑酒的形式，还支持1枚币试饮。受限于太古汇的场地，参与跳啤的厂牌数量在25～30家。虽然数量不多，但汇聚了中国一线的精酿厂牌。跳啤也为啤酒币模式树立了样板。现在，国内精酿啤酒节大都采用了请消费者购买啤酒币再去摊位换酒的形式。跳啤活动同期，保霖还汇总广州好喝的精酿酒吧，发布了"广州精酿地图"。

▲ 2022年的跳啤现场

武汉"跳东湖"活动

创办年份： 2011年　　**举办时间：** 每年8月　　**活动城市：** 武汉
参与方式： 免费入场，扫码买酒

对于武汉的年轻人来说，"跳东湖"是每年烈日之下的一场狂欢。它集合了生活方式、音乐、户外运动，以亲近大自然的方式在炎炎夏日与年轻人共聚，如今已成为武汉的一张城市名片。

从诞生之日起，"跳东湖"就不只是一个精酿啤酒节。2023年，除了跳东湖，拾捌精酿还举办了首届"喝（HUO）啤的"。武汉精酿啤酒节，目前定于每年春夏之交举办，采用了啤酒节更常见的啤酒币，对精酿爱好者更加友好。如果"跳东湖"还不过瘾，记得"喝（HUO）啤的"。

▲ 2023年的跳东湖活动

▲ "喝（HUO）啤的"·武汉精酿啤酒节

成都"龙门阵"精酿啤酒节

创办年份： 2019年　　**举办时间：** 每年8月、9月或10月
活动城市： 成都　　　**参与方式：** 无门票，啤酒币

　　一张四方桌，几杯盖碗茶，管你是不是熟人，都可以坐下来一顿摆谈，无聊的人高兴了，陌生的人相熟了，这就是摆龙门阵的魅力。

　　传统上，摆龙门阵得去茶馆。现在，精酿酒馆也是绝佳选择。作为成都厂牌，南门精酿从2019年起开始举办成都精酿啤酒节，并将其命名为"龙门阵"。

　　龙门阵啤酒节汇聚了成都本地主要的精酿厂牌，来客可以一站体验成都精酿。对于本地酒友而言，十几家外地厂牌数量不多，但喝完一圈，也够巴适。除了啤酒，音乐、美食、麻将也是有的。当然，麻将限定成都打法，不打钱，只打啤酒。

▲ 第三届龙门阵啤酒节

精酿啤酒展

亚洲国际精酿啤酒会议暨展览会（CBCE）

创办年份： 2016年　　**举办时间：** 每年4月或5月

活动城市： 上海　　**参与方式：** 免费（观众）

　　亚洲国际精酿啤酒会议暨展览会（CBCE）是纽伦堡会展（上海）和精酿品牌服务商喜啤士联合组织的精酿全产业链展会。2016年，首届CBCE活动以高峰会议的形式在上海面世，随后逐步向品牌展会转型。现在，CBCE集结了酿酒原料、酿酒设备、检测控制、包装配件、酿造厂牌等各环节企业，对接中外精酿资源，同步国内外的酿造技术与发展趋势。

▲ 2023年的展会现场

作为一场行业展会，CBCE 的目标人群是行业从业者，因此在工作日举办。除了需要请假，展会对普通消费者同样友好，甚至能体验到与啤酒节不一样的乐趣。最大的优势当然是——免费！全场免费试饮的同时，顺便了解中国精酿生态。也许，喝着喝着，你就入行了！

北京国际精酿工坊啤酒展览会（BeijingBrew）

创办年份: 2012年　　**举办时间:** 每年春天　　**活动城市:** 北京
参与方式: 免费（观众）　　　　**本节作者:** 孟路博士（BHS 现任负责人）

北京国际精酿工坊啤酒展览会（BeijingBrew），是中国酿酒人自己发起的精酿啤酒行业展览会，展商包括设备、原料、品牌、销售、运输、包装、教育、文化等精酿啤酒行业全产业链企业。

BeijingBrew 的前身，可以追溯到北京自酿啤酒协会成立的2012年冬天。大家在南锣鼓巷的过客酒吧组织了首届北京家酿啤酒节。家酿爱好者们把自己的酒拿到现场给大家品尝，还自娱自乐地进行了比赛。之后的三年，规模虽然依旧很小，但增长的势头非常明显，而且已经有原材料和设备的企业加入了进来。

2015年，愿意加入啤酒节的上下游企业越来越多，北京自酿啤酒协会和精酿媒体 imbeer（爱啤酒）合作，将啤酒节更名为"中国精酿展"。之后的几年里，为了满足每年翻倍增长的空间需求，举办场地一年一换，经历过室内体育馆、工业厂房之后，终于在2018年入驻了国字头的场地——鸟巢体育场。那是令人振奋的一年，天气寒冷却人气爆棚。

展会的规模增长迅速，却始终没有脱离市集的模式。为了让展会进一步向专业化发展，协会在2020年注册了专业展览公司——众和合，同年，展会搬进了专业展馆，实现了专业化运营，同时正式更名为"北京国际精酿工坊啤酒展览会"，简称 BeijingBrew。

有了专业运营团队之后，BeijingBrew 进入加速成长期，在体量已经不小的情况下，依旧保持了几乎每年翻倍的增长速度。2023年，展会移师北京首钢园，面积破万，三天时间接待了来自全国各地的近两万名专业观众，成为中国精酿行业不可或缺的展示与交流平台。

▲ 2023年BeijingBrew 现场

社群组织

一起酿吧（北京自酿啤酒协会）

本节作者： 孟路博士（现任 BHS 负责人）

　　"一起酿吧"就是曾经的北京自酿啤酒协会。北京自酿啤酒协会（Beijing Homebrewing Society，简称 BHS）成立于2012年4月21日。创立之初以外国人为主，12名初始会员中，只有2名是中国人（包括创始会长银海）。

　　北京自酿啤酒协会是国内成立最早的家酿爱好者组织，宗旨是让更多人爱上精酿啤酒。成立以来的十多年里，协会组织过大大小小几百场活动，有些活动服务于爱好者和酿酒师，例如家酿教室、月度聚会、新酒发布、培训座谈、酿造交流、品鉴会、日落啤跑，发行啤酒日历等，还有些活动是服务于品牌及上下游企业，例如 BeijingBrew

▲ "日落啤跑"活动合影

▲ 家酿教室成员合影

以及北京精酿啤酒节，甚至承办了目前亚洲规模最大的专业啤酒赛事——中国国际啤酒挑战赛。在这个过程中，走出了很多优秀的精酿啤酒品牌，曾被行业前辈评价为"中国精酿的半壁江山"，为推动中国精酿啤酒行业发展做出了不可估量的贡献。

北京自酿啤酒协会始终坚持非营利属性，财务公开透明，接受"积极公民会议"监督，所有的工作人员都是义务工作。

虽然BHS在成立之初即寻求在民政局正式注册，但经过多年努力未果。按国家有关规定，BHS无法继续以"北京自酿啤酒协会"的名义组织活动。2021年10月，BHS累计会员已超过6000人，一篇名为《从此不再有"北京自酿啤酒协会"》的微信推送让整个中国精酿圈炸开了锅。但是，人还在，事儿还在，对啤酒的热爱也还在，只能换个主体来继续存在下去。2019年，BHS曾决定注册成立公司，用于对外合作的法律主体，此公司不属于任何个人，由时任会长完全持股，换届时将无条件转让。于是，BHS以"北京一起酿吧文化有限公司"的名义继续所有的活动。2022年，北京国际经济贸易发展协会啤酒流通专业委员会成立，BHS 终于有了合法身份。

现在，叫"一起酿吧"也好，叫"啤酒流通专业委员会"也好，只要说一声"北京协会"，所有人都知道，那是一群热爱啤酒的人，坎坷但不曾放弃，曲折却始终向上。

上海精酿啤酒社群

上海精酿啤酒社群成立于2012年，是一个由上海精酿啤酒爱好者成立的非营利性组织，坝拥有注册会员700多位，其中一半以家酿啤酒为业余爱好，另有20%是啤酒行业从业者。社群旨在推广精酿啤酒文化和酿酒技术，为家酿爱好者和专业酿酒师提供支持和帮助，定期举办各类品饮聚会、培训考试等活动。每年的全国家酿啤酒大赛、精酿啤酒节均得到广泛的关注和参与。

▲ 上海精酿啤酒社群成员在首次活动暨成立日合影

岭南精酿社群

岭南精酿是由广东精酿啤酒从业者和精酿爱好者于2021年发起的非营利组织。自创立以来，岭南精酿备受认可并迅速发展壮大，成为岭南地区精酿从业者和爱好者合作交流和学习的平台，创办了首届岭南家酿大赛，吸引了众多家酿爱好者的积极参与。岭南精酿还积极协助举办华南啤酒节，助力本土啤酒文化的繁荣发展。

▲ 第一届岭南精酿年会合影

啤酒事务局

啤酒事务局是我在2020年发起的播客节目。现在，除了播客，我们也在日常更新包括微信公众号、各视频平台在内的各类内容，并通过电商为大家提供新鲜、好喝的啤酒。我们还发起了"啤酒旅行社"计划，目前有超过600家靠谱的精酿酒吧加入。出示"啤酒旅行社"小程序会员，即可享受优惠折扣。"啤酒旅行社"也是我们每年都会举办的啤酒主题旅行活动。我们会带大家去酒厂发酵罐打酒，和酿酒师面对面交流。我们的社群包括全国精酿爱好者群、家酿技术交流群、城市活动群等。精酿爱好者和从业者，都能在啤酒事务局找到自己的组织。

▲ 在贵州（上）和浙江（下）举办的"啤酒旅行社"啤酒主题旅行活动

啤博士

本节作者: 孟路博士（啤博士成员）

最后介绍一个入会门槛极高的精酿社群组织——啤博士。这里有一群爱啤酒的博士，团队成立于2015年4月。成立之初的两年里，所有的成员都在海外，随着国内成员的加入，以及更多的人学成归国，截至2023年8月，团队的18名成员，已经有12名常居国内。

啤博士成员的研究覆盖了很多领域，包括航天、环境、政治、经济，等等，唯独没有啤酒酿造专业，所以，无论大家如何把"啤博士们"称为"啤酒专家"，他们也只会摆摆手说："我们只是爱好者罢了。"

谦虚如此，但不可否认的是，啤博士们做过的几件事，对中国精酿影响深远。

首先，也是最初被大家熟知的，是啤博士的微信公众号。从2015年开始，成员们把在国外关于啤酒的见闻搬回国内，是彼时中文世界里为数不多的推广啤酒文化的内容阵地。

其次，也在是2015年，博士们取得BJCP官方授权，将《BJCP分类指南》和线上考试题库进行汉化，使得国内啤酒爱好者不出国门即

◀ 啤博士部分
成员合影

可以进行前两轮考试，而通过他们组织的中国大陆地区首次线下考试的22名考生，大多已成为国内精酿行业的中流砥柱。

另外，啤博士的创始人之一毛新愿博士，将自己在啤博士公众号上多年积攒的文字汇聚成书。这本《啤博士的啤酒札记》，深入浅出地介绍了关于精酿啤酒的方方面面，已成为众多精酿爱好者的入门书。

这就是一群始终热爱着啤酒的博士。他们散布在世界各地，如果你碰巧在酒吧遇到一位，不妨上去打个招呼，请他们喝一杯。

啤酒从业认证

如果你已经读到这里，大概不再满足于"喝"。每个精酿爱好者都有一颗从业的心。如果你想变得更加"专业"，不妨试一下 BJCP 或 Cicerone 认证，在备考中查漏补缺，系统学习啤酒知识。

BJCP 啤酒品酒师资格认证

BJCP（Beer Judge Certification Program），即啤酒品酒师资格认证项目，是一个全球性的非营利机构，1985年成立于美国。通过 BJCP 认证，即有资格在各个啤酒比赛中担任裁判。目前，BJCP 在60多个国家拥有7500多名认证裁判。BJCP 考试包括线上考试（网考）和线下品饮考试两个环节。只有先通过网考，才有资格报名线下考试。

网络考试每次10美元，推荐"买2送1"套餐。考试内容包括 BJCP 相关知识（5%）、酿酒技术（15%）以及啤酒风格知识（80%）。啤酒风格知识是 BJCP 考试的重点，考生必须非常熟悉常见啤酒风格，包括与其他啤酒的异同。虽然网考为开卷，但是需要在60分钟回答180道题，如果不熟悉，根本来不及查资料！根据啤博士的消息，题库有4000多道题，通过标准大约需要达到70%的正确率。

通过网考之后，即可获得网考通过证书，有限期一年。考生需要在一年内报考线下品饮考试，如果一年内未报考，则需要重新网考。线下品饮考试为闭卷。考生将在90分钟内对6款啤酒进行评价。首次考试费用40美元，以后再次参加为15美元。目前中国大陆地区每年最多有两场线下考试，每次考试的名额都非常抢手，建议提前咨询线下考试名额之后再进行网络考试*。

Cicerone 精酿啤酒侍酒师认证

Cicerone 认证项目（Cicerone Certification Program）一般被称作精酿啤酒侍酒师认证。认证分为4个等级：初级认证啤酒侍酒员（Certified Beer Server）、认证 Cicerone（Certified Cicerone）、高级 Cicerone（Advanced Cicerone）、Cicerone 大师（Master Cicerone）。只有先通过前一个等级，才能解锁下一级的考试。目前全球有超过15万人获得初级的 Cicerone 侍酒员认证，但只有20多人获得 "Cicerone 大师" 级别的认证，国内还未有一人（截至2023年）。

初级认证啤酒侍酒员是最常见的认证级别。考试费用69美元，采用网考形式，包含60 个多项选择题，达到75 分即可通过。考试内容为啤酒的原料和酿造（10%）、啤酒的风味和品鉴（15%）、啤酒风格类型（35%）、啤酒的保存和侍酒（40%）以及餐酒搭配**。

简单来说，如果你想成为一名啤酒裁判、酿酒师，优先选择 BJCP 考试；如果你想开一家精酿酒吧或去酒吧工作，推荐 Cicerone 认证。

---

* 线下考试日期查询: www.bjcp.org/exam-certification/exam-calendar/

** https://www.cicerone.org/int-en/zhcn

附录　更多厂牌

在第三章，我们盘点了大江南北我所熟悉、每到当地一定会去打卡的精酿品牌。另外，还有一些品牌的酒也非常不错，只是由于个人经历、交稿时间等原因，仅分享厂牌提供的品牌简介，希望未来有机会为大家详细分享这些厂牌的故事。

大跃啤酒（北京）

2010年，北京豆角胡同6号院迎来了新的主人——大跃啤酒。经过几次改造，小院仍保留北京胡同院子的风格，当初院里的自行车还挂在墙上，见证大跃十几年的发展。大跃在这里创造出甫子啤酒和淡啤6号等中式风格的精酿啤酒，并将门店开到了成都等地。

2019年，大跃在天津的大型精酿啤酿造工厂正式投产，最大年产量5万吨啤酒。工厂有独立的酿造间、高水平配置的听装包装线和一次性桶灌装线。

Fever（西安）

2015年夏天，一家叫 Fever Coffee 的小店开业。同年，主理人王雪琨开始用一套20升的简陋设备玩起家酿啤酒。2017年，更倾向于啤酒的 Fever Ales & Coffee 开始营业。一年时间里，雪琨在厨房用那套20升设备酿了几百个批次的酒。从最基本的淡色艾尔，到帝国世涛、蜜酒和野菌艾尔的雏形，许多配方经过迭代，有了现在的模样。2023年，Fever 位于新乡原阳的酒厂建成，目前已经重新开始所有桶陈项目的迭代。Fever 团队是一群精酿啤酒探索者，在这里，没有循序渐进，只为探索味觉的深度和广度。

撬啤（大连）

分别钻研酵母和麦芽的几位青年决定酿酒开店，几杯酒过后，惬意地定名为撬啤酿造。"撬啤"并没有固定的表意，只是一个奋力的动作，代表继续往前的动力。从一间自酿的小店，到十几位年轻人共同施展能力的品牌，撬啤的性格可以是一杯平衡柔软的IPA，也可以是一杯厚重热烈的帝国世涛。撬啤今天依旧在不断地更新自己的模样，期待与越来越多的朋友见面，和越来越宽广的世界见面！

未知酿造（天津）

未知酿造始于2018年，最初是一家以社区为圆心的酿造工作室。经过几年的探索与实验，从无到有，建立了未知专属的酿造研发中心，并在2022年完善了代工体系。未知在酿造过程中注重本土文化的根植和向外的辐射，将更多的爱酒、好酒甚至对酿造过程有兴趣的朋友们引领到酿造的过程中，共同创造未知的奇妙成果。酿造和未来一样不能完全预知，每一次酿造的成果也像是探索未来的若干可能性，这是一件与热爱、信念和不断突破息息相关的事业。

梦想酿造（宿州）

梦想酿造成立于2016年，酒厂坐落于京沪高铁线的宿州东站旁，占地6000平方米，年产能1800吨。梦想酿造收购了美国加州的Toolbox工具箱酒厂的配方与工艺，引入了如鹅岛等大厂的酿酒师，与美奇乐、巨石、柏亚拉等30余家国内外酒厂进行过合作酿造，共诞生了200余个酒款，其中38款获得了国内外知名啤酒比赛大奖，形成了以IPA和水果啤酒为特色的鲜明风格。

气泡实验室（嘉兴）

2014 年，气泡实验室（Bubble Lab）成立。2015 年武汉门店开业，现在武汉、常州、长沙和北京有五家门店。气泡实验室非常注重产品开发，从最初的单一酒花系列到如今的浑浊 IPA、复合水果风味的系列"爪哇部落"，气泡实验室追求的是自由和多元化的风格，努力体现精酿啤酒文化所注重的创新，以此表达对于更美好事物和生活的向往。

织造府（南京）

2018年，潘登（Justin）带着满腔热忱回到故乡南京，与好友联手，于2019年建立酵富实验室——一家专注于液体酵母研发生产的啤酒酿造解决方案提供商。2020年，Justin 又注册了"织造府"啤酒品牌，将传统工艺与现代技术结合，以新中式风格，传达超越时空的金陵风味啤酒。织造府啤酒是承载金陵情怀的酒，也是属于南京人自己的酒。

硬糖（南京）

硬糖2020年成立于南京，是一个专注于西打的品牌。"硬"字源于英文中对含有酒精饮品的表述"hard"，"糖"则代表口味甜美易饮。抽象点来说，"硬"寓意着独立、自我，而"糖"又调皮有亲和力。中国是世界最大的苹果产地，西打酒却是一个相对沉寂的领域。受此启发，硬糖与新西兰资深酿酒师一起，甄选了世界各地的优秀果汁与香槟区的酵母，创造出个性鲜明、层次交错、轻快易饮的西打酒。

HOPSCRAFT（重庆）

HopsCraft 成立于2014年，从对精酿啤酒的强烈好奇心，到对酿造啤酒的严谨匠心，HopsCraft 一直致力于尝试酿造不同风格的佳酿，并热衷于以精酿啤酒为载体，将国际文化与在地文化更好融合。用平衡而克制的风味和国际化的视野，一起看世界。

半刻酿造（重庆）

半刻酿造（BACK FUTURE）成立于2020年，是一家专注于赛松啤酒创新酿造和咖啡水果酸艾尔风味探索的精酿厂牌。"BACK FUTURE"源于电影《回到未来》。重庆是一座穿梭于过去与未来的都市，半刻希望在重庆搭建一座以"精酿&咖啡"为载体的绿洲，寻找同频共振的伙伴，一起创造未来。

一层浪（深圳）

一层浪啤酒由金奖酿酒团队与酒友们在2020年一齐创立。品牌乐于打破精酿啤酒的传统规则与分类，甄选原产地天然原料，尊重自然的新鲜感，创造出自由的风味体验。无序造新，饮酒造浪。"酸甜苦辛"味觉系列已迭代至2.0版本，是品牌以基础味觉对日常生活的表达。"春夏秋冬"茶系列，是地区风味与四季的结合。也许，这是一杯不像啤酒的啤酒。

猫员外（深圳）

2017年创立于深圳，猫员外主打自主研发生产的精酿啤酒和下酒小菜，以社区为阵地，打造"家门口的小酒馆"独特理念，营造热闹温馨的社交空间，现已开设门店近100家。猫员外致力于"让中国人都能喝上好啤酒"，越来越多的门店正在前往中国更多的城市，让精酿爱好者们更轻松、便捷地享受好啤酒。

Tapstar（贵阳）

一个没有中文名的社区小店，由一对从上海辞职回到老家创业的夫妻经营着。女主理人 CC 性格爽朗利落，事无巨细掌管着店内大小事务，男主理人田原沉稳内敛，专心操持酿酒。店里的24个酒头总是被自酿和来自世界各地的好酒填满，没有固定酒单，日常不定时更新，就连自酿也有很多是仅酿造一次的季节款或实验款，遇到，就遇到了。

参考文献

1 "World's oldest brewery' found in cave in Israel, say researchers". *BBC News*. 15 September 2018.

2 Nin-kasi: Mesopotamian Goddess of Beer. Matrifocus 2006, Johanna Stuckey. [13 May 2008].

3 https://journals.plos.org/plosone/article?id=10.1371/journal.pone.0255833

4 https://www.pnas.org/doi/full/10.1073/pnas.1601465113

5 Ogle, Maureen. Ambitious Brew: The Story of American Beer. Orlando: Harcourt. 2006.

6 Acitelli, Tom. The Audacity of Hops: The History of America's Craft Beer Revolution. Chicago: Chicago Review Press.2012: 335.

7 https://www.choicesmagazine.org/choices-magazine/theme-articles/global-craft-beer-renaissance/the-craft-beer-revolution-an-international-perspective

8 https://www.brewersassociation.org/statistics-and-data/craft-brewer-definition/

9 https://www.mcall.com/business/mc-top-50-breweries-revealed-20160405-story.html

10 Su, X., Yu, M., Wu, S. et al. Sensory Lexicon and Aroma Volatiles Analysis of Brewing Malt. npj Sci Food 6, 20 (2022). https://doi.org/10.1038/s41538-022-00135-5

11 Hornsey, Ian S. A History of Beer and Brewing. Royal Society of Chemistry. 2003: 305.

12 Isabel Caballero, Carlos A. Blanco, María Porras, Iso-α-acids, bitterness and loss of beer quality during storage, Trends in Food Science & Technology, Volume 26, Issue 1, 2012

13 Kurtzman, C. P., & Fell, J. W. (n.d.). Yeast systematics and phylogeny — implications of molecular identification methods for studies in ecology. *The Yeast Handbook*, 11–30. https://doi.org/10.1007/3-540-30985-3_2

14 Lee. "Why Is Ph Important in Brewing Beer？ The Comprehensive Guide." *Hopstersbrew. Com,* 4 Apr.2022, hopstersbrew.com/is-ph-important-in-brewing-beer-acidic-alkaline/.

15 https://centaur.reading.ac.uk/83299/5/08%20Apr%20Manuscript%20Reviewed%20for%20Centaur.pdf

16 https://askthescientists.com/linking-taste-smell/

17 Dredge, Mark. A Brief History of Lager: 500 Years of the World's Favourite Beer. Kyle Books. 2019.

18 https://www.biralleebrewing.com/2022/05/cold-ipa-vs-india-pale-lager-ipl.html

19 Nersesian, Roy L. "Coal and the Industrial Revolution". Energy for the 21st century (2 ed.). Armonk, NY: Sharpe.2019: 98.

20 Martyn Cornell. Amber, Gold, & Black. The History Press. 2010.

21 Lewis, Michael. Stout (Classic Beer Style). Brewers Publications. 2017.

22 Bostwick, William. "How the India Pale Ale Got Its Name." *Smithsonian Magazine*, 7 Apr. 2015, www.smithsonianmag.com/history/how-india-pale-ale-got-its-name-180954891/

23 https://www.winemag.com/2021/04/07/american-mead-guide

篇章页供图：Rostislav Weinberger/stock.adobe.com

目录页供图：oxygen_8/stock.adobe.com

致谢

我的精酿之旅，远谈不上资深，但有幸能够向中国最好的一群老师们学习——《啤酒事务局》播客节目的往期嘉宾，包括中国精酿厂牌创始人、酿酒师、从业者、爱好者们，恕不一一列举，谢谢你们带我入门。这本书的厂牌故事，大部分都是根据播客节目中诸位嘉宾的分享整理而成。

感谢埼姐，让《啤酒事务局》从一个酒后的想法成为现实，并和我一起录制了最初的上百期节目。感谢事务局发展过程中陆续遇到的团队小伙伴们，阿啾，小鱼，蕊蕊，老沙……感谢绊绊，如今和我一起探寻酒厂、酒吧，继续收集这些有趣的故事，好喝的啤酒。

感谢林林会长、孟路博士，帮助我引荐了大量的采访嘉宾，审阅书稿并给予了宝贵的修改意见。感谢好友郑琛华，事无巨细地审阅、修订了本书啤酒知识相关内容。

感谢本书提及的所有精酿厂牌，帮助核实各自的厂牌信息并提供照片。尤其感谢果冻、邢超、四三等诸位老师，在写作过程中不厌其烦地为我答疑解惑。感谢辫儿爷提供了精心设计的《世界啤酒族谱》。

感谢本书所有配图的摄影师、设计师，你们的图片让本书增色不少。

感谢编辑杨迪老师。在你找到我之前，我从没想到有朝一日能够完成一本书。

感谢我的妻子Nicole一路以来对我的纵容，我会尽量少喝一点。

后记

如人饮酒，高低自知

大概有上百个凌晨的四五点钟，口渴难耐，醒来喝水的时候，我问自己："我是谁？我在哪儿？昨晚有没有做什么傻事？"

这是一本喝酒书，不是一本戒酒书。迄今为止，我们只夸啤酒哪里好。

我很想否认，但事实就是这样——既然是酒精，对身体就是有害的。

有多少快乐，就有多少痛苦。如人饮酒，高低自知。

如果这本书写得还算成功，你应该也不可救药地爱上了啤酒（抱歉）。

有个"不良爱好"，也没什么不好。我们莫名其妙地被抛到这个世界上，并没有什么与生俱来的目的或意义；如果有，无非是一两个"不良爱好"，些许真情实意。

每个人都在追随着命运的星辰，以自己独特的方式领受神恩。因为啤酒，我们的追随变得十分具体。为了这个"不良爱好"，你或许可以考虑放弃其他不良爱好，并养成一些好的生活习惯，比如少吃碳水，多运动。

我们经常调侃自己或某人是"酒蒙子"，以表达对啤酒的热爱。在我们的啤酒旅行中，喝蒙一两次总要有的，但我还是建议大家，警惕酒精对自己以及你爱的人的影响，谨慎"日常蒙"。

没喝过的时候，喝，是自由；喝太多的时候，不喝，是自由。精酿啤酒之中是无尽的自由，只有节制的饮者才能寻得。

什么是"精酿啤酒"

最后，我想和大家聊聊我心目中的"精酿啤酒"到底是什么。

对于我来说，精酿啤酒是文化产品，而不只是酒精饮品。通过啤酒，品牌和酿酒师在传递文化，表达态度。

具体传递的是什么文化，当然因酒厂而异。牛啤堂在研究"中国的啤酒"；赤耳在抚慰城市中偶尔 emo 的年轻人；电车头承载了东北的时代记忆；因为拾捌，武汉多了一些"江湖气"；邢师傅让我们重新认识了手艺人；在康阿姨面前，你真的相信，热爱可以让人永远年轻……

但是，有一些关键词，是所有（我认为的）精酿厂牌或多或少都在坚持的，例如本地、创新、分享、包容、多元、有脑子……

不是所有的"文化"都是文化，也不是所有的"态度"都是态度。现代精酿啤酒运动诞生于20世纪60年代美国反主流文化的浪潮之中。正如摇滚乐的诞生是对商业流行音乐的反抗，精酿啤酒在根基上是对大型工业啤酒厂的反抗。对这个世界的反思，甚至反叛、反抗，是精酿精神的一部分。"岁月静好"，从来不属于一家真正的精酿酒厂。"小型""独立"的厂牌，商业上的包袱更小一些，更有可能拥有这些文化和态度。这也是 BA 对精酿酒厂有这两点要求的部分原因。

但也不一定。有一些确实小型、独立的厂牌，酒难喝，除了搞钱，也没看到有什么文化；有一些颇具规模的厂牌，酒保持了水准，还在力所能及地表达态度，甚至补贴初创厂牌搞活动——你说谁更"精酿"呢?

光头说，"情怀"是初心，是行动，不是结果。不能说只因为生意好，"情怀"就突然消失了。做得好，也有可能是因为更专业，更努力。他总是在外面"喷"自己的产品，还说什么"精酿不是产品，而是摇滚"——但实际上，国内有多少厂牌的产品能做到拾捌的水准呢?

整天把"情怀"挂在嘴边，未必真的有"情怀"；假装不务正业，未必没有在默默努力。遇到自己不喜欢的、不理解的，就一顿开喷，这不是爱憎分明，是低级趣味。整天指点江山、以挑刺为己任，不过在满足自己的虚荣心，赚廉价的流量。

"啤酒猎人"迈克尔·杰克逊一生评酒无数。在他看来，酒评应该更关注啤酒美好的地方，而非其风味缺陷。在公开发表的文章里，他从不轻易说任何一款啤酒不好。

> "是他的呐喊，让成百上千家酒厂拔地而起……他告诉我们：伟大的酿造工作充满了荣耀，酿酒人是光荣的。我们这辈子，有大量的美好时光是在餐桌边度过的。怎样去珍惜？当然应该喝好一点的酒。我们可以通过酿造啤酒，酿造出某种形式的真理，酿造出完美，然后可以唤醒、甚至缔造出这个世界上所有最美妙的东西。我们很幸运，能听到杰克逊的呐喊，再也没有什么比他的声音更重要。"
>
> ——布鲁克林酒厂酿酒师在杰克逊葬礼上的演讲*

有什么样的消费者，就有什么样的市场。酿酒师通过酿酒表达自己对世界的态度，消费者通过买酒表达支持什么样的价值观。中国精酿正处于快速起飞的阶段。在这个过程中，厂牌、酿酒师们一定会有不知所措的时刻，但只要真诚、努力，不投机、不作弊，犯了错及时弥补，我愿意给这样的中国厂牌多一些理解和支持。

我希望有本土、创新，真正好喝的中国啤酒，能够在国际上受到广泛认可，让国外的精酿爱好者们也趋之若鹜。这绝非狭隘的民族主义，而是因为我们深爱这片土地。

了不起的中国精酿，一定根植于一片包容的土壤。

愿所有爱精酿的人们，自由、可爱。

2023年冬，于上海宣化路233号

---

* 摘自《精酿啤酒革命》，史蒂夫·欣迪著，骆新源，沈恺，赖奕杰译，中信出版社。